青少年人工智能教育系列丛书

冯伟森 王建 ◎ 主编

青少年学

Python

第 2 册

U0325847

人民邮电出版社

北 京

图书在版编目（CIP）数据

青少年学Python. 第2册 / 冯伟森，王建主编. --
北京 : 人民邮电出版社，2020.8
（青少年人工智能教育系列丛书）
ISBN 978-7-115-53534-4

Ⅰ. ①青… Ⅱ. ①冯… ②王… Ⅲ. ①软件工具－程
序设计－青少年读物 Ⅳ. ①TP311.561-49

中国版本图书馆CIP数据核字(2020)第037525号

◆ 主 编 冯伟森 王 建
责任编辑 邹文波
责任印制 王 郁 陈 犇

人民邮电出版社出版发行 北京市丰台区成寿寺路 11 号
邮编 100164 电子邮件 315@ptpress.com.cn
网址 https://www.ptpress.com.cn
北京博海升彩色印刷有限公司印刷

◆ 开本：787×1092 1/16
印张：7.5 2020 年 8 月第 1 版
字数：185 千字 2020 年 8 月北京第 1 次印刷

定价：39.80 元

读者服务热线：(010)81055256 印装质量热线：(010)81055316
反盗版热线：(010)81055315
广告经营许可证：京东市监广登字 20170147 号

前　言

2017 年国务院发布的《新一代人工智能发展规划》明确指出："在中小学阶段设置人工智能相关课程，逐步推广编程教育；建设人工智能学科；培养复合型人才；形成我国人工智能人才高地。"2018 年 4 月教育部发布的《教育信息化 2.0 行动计划》提出："要完善课程方案和课程标准，充实适应信息时代、智能时代发展需要的人工智能和编程课程内容。推动落实各级各类学校的信息技术课程，并将信息技术纳入初、高中学业水平考试。"2019 年 11 月教育部发布的《教育部关于加强和改进中小学实验教学的意见》再次强调："注重加强实验教学与多学科融合教育、编程教育、创客教育、人工智能教育、社会实践等有机融合，有条件的地区可以开发地方课程和校本课程。"

近年来随着人工智能产业在全球的发展以及国家各类政策的出台，在中小学阶段推行人工智能基础教育已是时代发展的必然要求。目前，市场上不乏人工智能科普性读物，然而对人工智能学习仅停留在浅尝辄止的阶段，不足以真正培养学生的计算思维与实践能力。为响应国家号召，推动人工智能教育的发展，我们组织了长期从事大数据与人工智能领域研究的专家学者、长期奋战在计算机科学教学第一线的资深教师、中小学信息技术课教师编写了这套《青少年人工智能教育系列丛书》。《青少年学 Python（第 2 册）》是这套丛书的第二本，以后我们会陆续推出和人工智能、大数据教育相关的书籍，为国家的人工智能教育事业作贡献。

Python 语言是一门流行的开源编程语言，广泛应用于各个领域的独立程序与脚本化应用中。它不仅免费、可移植、功能强大，同时相对简单，而且使用起来充满乐趣，在人工智能、大数据分析、科学计算、大型网站搭建等领域发挥着不可替代的重要作用。特别是在以大数据和机器学习为应用背景的各种项目开发中，Python 语言已经是开发的首选语言，被称为最适合人工智能时代的计算机语言。除此之外，Python 语言学习入门相对容易，适合青少年学习。

《青少年学 Python》共分四册。

第 1 册为入门知识，包含人工智能学科常识与应用，人工智能与编程的关系，Python 语言的特点、变量、数据类型与运算符、三大结构等。通过对本部分内容的学习，学生可完成"海龟绘图"实践项目。

第 2 册主要内容为函数、字符串、列表、字典、集合的基本用法讲解及应用。通过对本部分内容的学习，学生可设计完成较为复杂的程序设计作品。

第 3 册主要内容为序列知识的深化，模块、文件、函数的高级用法等。通过对本部分内容的学习，学生可以设计一些简单场景的趣味小游戏。

第 4 册内容为类的基础用法、类的高级用法、调试技巧、异常处理等知识。通过对这 4 册书的学习，学生就能基本掌握 Python 语言所有的基础知识点，为进一步学习数据结构与算法知识打下了良好的基础。

本系列丛书结合 STEAM 教育理念，根据中小学生思维特点进行知识结构组织与编写，从易到难，循序渐进，以 Python 编程学习为主线融合各类学科知识。理论与概念部分的阐述尽量通俗易懂，将实际问题场景、案例融合到知识点的学习中，强调举一反三、学以致用，培养学生拆解问题与解决问题的实践能力。除此之外，与本系列丛书配套的在线编程智能教学平台（www.dingdangcode.com）提供在线编程练习环境、各章节题目在线评测以及拓展练习等多种功能。

本系列丛书由冯伟森、王建担任主编，廖敏担任副主编。在本系列丛书的编写过程中，我们参阅了大量的相关书籍和资料，在此向有关作者表示衷心感谢。李加辉、王希、周中华参与了本系列丛书第 1 册、第 2 册部分内容的编写，马倩倩、刁青青、郑明卓、陈默参与了本书第 1 册与第 2 册内容、代码的检查和测试，刘晓沅、张娟对本书第 1 册、第 2 册的内容版面进行了设计，李晓娅对本书第 1 册、第 2 册的封面进行了设计。在此向他（她）们表示诚挚的感谢。

编者

2020 年 2 月

本书是《青少年学 Python 系列丛书》的第 2 册。本册的编写延续了上一册的风格，即每个单元的内容都围绕一个故事或生活中常见的问题情境展开，将编程知识融入一步步解决问题的过程中。

全书共十三节，从内容上可分为三个单元。

第一单元包括第一节～第四节，讲解的是函数的内容。这个部分从最简单的无参数函数，到带参数的函数，再到函数的返回值，最后介绍了一些常用的函数，由浅入深地讲解了函数最基本的内容。函数的学习在编程学习过程中具有里程碑似的意义。掌握了函数，我们就能封装代码，提高代码的复用性和可读性，程序也可变得更优雅。

第二单元包括第五节～第十二节，讲解 Python 常用的数据类型——字符串、列表、字典和集合的定义及使用。不同的数据类型有不同的特性，因此就有不同的使用场景。字符串存储的是单个数据项，不能修改；列表、字典和集合存储的是多个数据项，可通过索引访问元素，但列表存储的元素有严格的顺序，字典和集合却没有顺序。熟练掌握这些数据类型，能帮助我们更有效地用编程解决问题，这对编程学习来说是非常重要的。

第三单元只有第十三节，是项目实践，通过对前两个单元知识的综合运用，实现一个小型的点餐系统。

考虑到不同学龄段的学生接受程度有差异，我们建议对于小学生，一节的内容用两个课时教学，知识拓展的部分可以选择性地学习，布置少量习题，重点掌握课件中的教学案例；对于中学生，建议一节的内容用一个课时教学，除了掌握课件中的教学案例之外，应多做习题来巩固所学知识。

致学生的一封信

很高兴又和大家见面了！这是我们《青少年学 Python 系列丛书》的第 2 册。

通过这本书，我们能学到什么呢？

首先，我们会学习如何定义和调用函数。这可是个了不起的技能，函数的学习在编程学习中具有里程碑似的意义。掌握了函数，我们就能写出更优雅的程序，也能大大提高代码的复用性和可读性。

其次，我们会学习 Python 最基础的数据类型——字符串、列表、字典、集合。不同的数据类型有不同的特性。熟练掌握这些数据类型的使用方法和差异，能帮助我们更有效地用编程来解决问题。

最后，我们会用这些学到的知识来实现一个小型的点餐系统。

获取更多帮助请扫描下方二维码，关注公众号即可。如果有任何问题，请电话联系我们，联系电话：400-829-0988。

公众号二维码

目　　录

第一单元

函数

第一节　蓝色小鱼函数——函数的定义和调用

　　周末，叮小马和朋友们一起去参观水族馆，看到了各种各样的鱼。参观结束后，水族馆还给每位游客发一张印有一条蓝色小鱼的纪念卡片。"一天的游客量这么大，水族馆该准备多少这样的小卡片啊！"叮小马正在感叹，一转眼看到水族馆工作室有一位工作人员正在一台打印机上打印小卡片，只要按一下打印机的开始按钮，打印机就自动打印纪念卡片，真方便！那 Python 里有没有这样的"自动机器"呢？叮小马想自己动手实现一个自动画小鱼的程序。

1.1　任务分解

　　本堂课需要实现一个画蓝色小鱼的"自动机器"，小鱼的样子参照下面的图形。

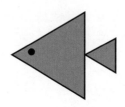

在实现这个画蓝色小鱼的"自动机器"之前，我们先分解一下任务，见下图。

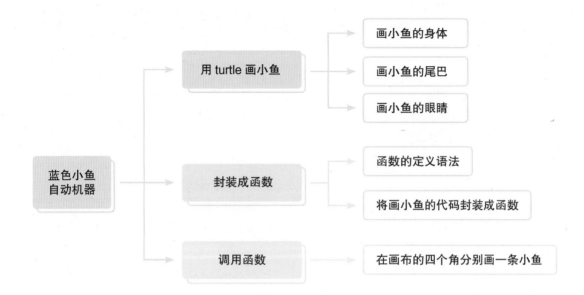

1.2 程序实现

1.2.1 用 turtle 画小鱼

可以分成以下三步画出小鱼。

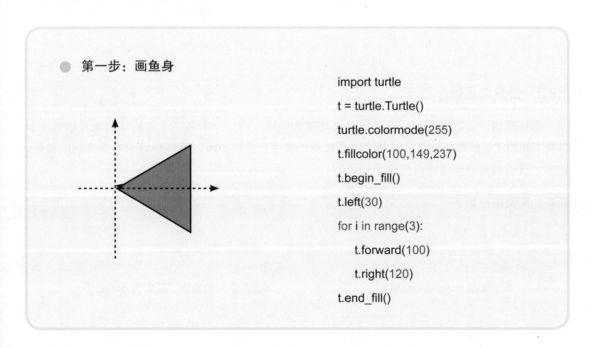

第一步：画鱼身

```python
import turtle
t = turtle.Turtle()
turtle.colormode(255)
t.fillcolor(100,149,237)
t.begin_fill()
t.left(30)
for i in range(3):
    t.forward(100)
    t.right(120)
t.end_fill()
```

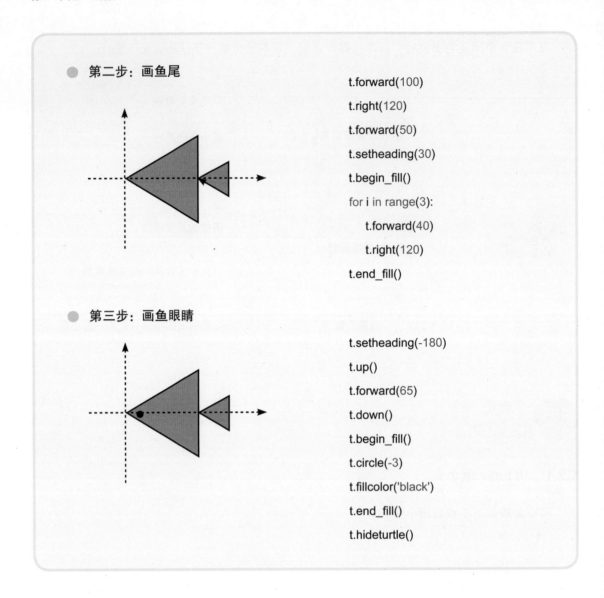

第二步：画鱼尾

```
t.forward(100)
t.right(120)
t.forward(50)
t.setheading(30)
t.begin_fill()
for i in range(3):
    t.forward(40)
    t.right(120)
t.end_fill()
```

第三步：画鱼眼睛

```
t.setheading(-180)
t.up()
t.forward(65)
t.down()
t.begin_fill()
t.circle(-3)
t.fillcolor('black')
t.end_fill()
t.hideturtle()
```

1.2.2 封装成函数

通俗来讲，函数就是为一段实现特定功能的代码"取"一个名字，以后即可通过该名字来执行（调用）该函数。函数名就是给该函数取的名字。函数名最好能体现该函数要实现的功能，这样一看函数名就知道该函数是干什么的。

函数的定义语法如下：

```
def 函数名 ():                          备注：
    实现画蓝色小鱼的代码块               def 是定义的意思，英文为 define
```

封装画蓝色小鱼的代码：

```python
def draw_fish():
    t.begin_fill() # 画鱼的身体
    t.left(30)
    for i in range(3):
        t.forward(100)
        t.right(120)
    t.end_fill()

    t.forward(100) # 画鱼的尾巴
    t.right(120)
    t.forward(50)
    t.setheading(30)
    t.begin_fill()
    for i in range(3):
        t.forward(40)
        t.right(120)
    t.end_fill()

    t.setheading(-180) # 画鱼的眼睛
    t.up()
    t.forward(65)
    t.down()
    t.begin_fill()
    t.circle(-3)
    t.fillcolor('black')
    t.end_fill()
    t.hideturtle()
    t.setheading(0) # 将海龟朝向设置成向右
```

特别注意：

◆ 函数名最好能体现该函数要实现的功能。

◆ 函数名由字母、数字、下画线组成。

◆ 函数名后必须要加英文括号和冒号。

◆ 函数体需要缩进。

1.2.3　调用函数

就像使用打印机需要按一下启动键一样，想要运行函数也需要启动一下函数，即调用函数。

下面在画布的四个角画四条小鱼。

（-200，100）　　　　　　（200，100）

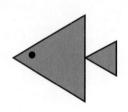　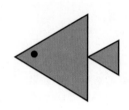

（-200，-100）　　　　　　（200，-100）

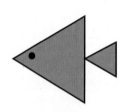　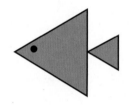

Python 代码示例：

```
# 左上角
t.up()
t.goto(-200,100)
t.down()
draw_fish()
```

```
# 右上角
t.up()
t.goto(200,100)
t.down()
draw_fish()
```

```
# 左下角
t.up()
t.goto(-200,-100)
t.down()
draw_fish()
```

```
# 右下角
t.up()
t.goto(200,-100)
t.down()
draw_fish()
```

调用函数语法：函数名 ()。
函数名后一定要加括号。

1.3 拓展延伸

函数的执行顺序：

● 示例：

```
def  draw_fish():
        # 画蓝色小鱼代码块
draw_fish()
```

定义函数只解决了函数存在的
问题，调用函数才能让函数真
正地发挥作用。

1.4 知识梳理

你学到了什么？

▶▶ **函数的作用**

函数有什么用？试想一下这个场景：假设我们用 Python 编写了一段实现某特定功能的代码。问题来了，如果下次需要实现同样的功能，难道要把前面的代码再编写一次？这样做就太麻烦了，代码也重复。正确的做法是，把这段代码封装成函数，下次要使用，直接执行代码调用就可以了。

▶▶ **函数的定义**

```
def 函数名 ():
    # 实现某功能的代码块
```

▶▶ 函数的调用

函数的调用比较简单，函数名加英文括号就可以。

> 函数名 ()

1.5 课后习题

难度系数 ★

（1）除法运算

请使用函数实现除法运算，要求如下。

a. 输入两个数 a、b。

b. 定义函数 division，将 a 除以 b 的结果计算出来。

c. 调用 division 函数，打印结果。

输入示例：

4

2

输出示例：

2.0

（2）计算球体积

定义函数实现：对于半径为 r 的球，其体积的计算公式为 $v = \dfrac{3}{4} \times \pi \times r^3$，这里取 π=3.14。现给定 r，即球半径，类型为 float, 求球的体积 V(r 为外部输入整数）。

输入示例：

2

输出示例：

球的体积为 33.49333333333333

（3）判断星期

假如今天是星期天，那么从今日起第 *n* 天是星期几呢？（请先定义函数再调用函数解决此问题）

输入示例：

23

输出示例：

Tuesday

难度系数

（4）求和函数

定义函数实现算式 1+2+3+4+…+100 的和，并打印出结果。

编写一个函数，实现累计求和，要求如下。

a. 输入一个正整数 *n*。

b. 定义一个函数 fun，实现得到 1 ～ *n* 的累加值（包含 1 和 *n*）res。打印输出 res。

c. 调用函数 fun 并得到结果。

输入示例：

50

输出示例：

1275

第二节   计算器——带参数的函数

叮小马的弟弟做完了作业，妈妈叫叮小马帮忙检查一下弟弟的作业。叮小马一看弟弟的作业本，深吸一口气，这么多算术式要检查！那就用 Python 实现一个计算器程序来辅助检查吧。

2.1 任务分解

弟弟的作业都是两位数的加、减、乘、除运算，因此设计的计算器程序需要支持输入两个数及运算类型，然后返回正确答案。在实现这个计算器之前，先来分解一下任务，见下图。

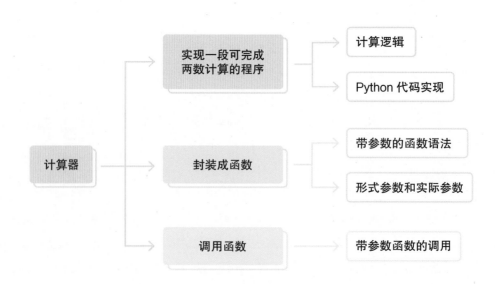

2.2 程序实现

2.2.1 实现一段可完成两数计算的程序

计算逻辑：定义三个变量 num1、num2、operator，分别代表参与运算的两个数及运算类型。

> 当 operator 为"+"时，返回 num1+num2 的值。
>
> 当 operator 为"−"时，返回 num1-num2 的值。
>
> 当 operator 为"∗"时，返回 num1∗num2 的值。
>
> 当 operator 为"/"时，返回 num1/num2 的值。

Python 代码示例：

```python
if operator == '+':
    print(num1 + num2)
elif operator == '−':
    print(num1-num2)
elif operator == '∗':
    print(num1 ∗ num2)
elif operator == '/':
    print(num1 / num2)
else:
    print('wrong')
```

2.2.2 封装成函数

我们已经学习了如何定义一个不带参数的函数，那么如何定义一个有参数，或者说有输入的函数呢？带参数函数的定义语法如下。

```python
def 函数名 ( 参数 1，参数 2,…):
    实现计算的代码块
```

特别注意：

◆ 参数的命名最好能体现该参数的意义。

◆ 参数名由字母、数字、下画线组成。

定义函数时，函数名后括号里的参数都是形式参数，简称形参。举个例子来说，如果函数是一个剧本，那么形参就是角色名字，在剧本里，角色都以这个名字作为代号。而调用函数时，同样也需要传入参数，那个参数即为实际参数，简称实参。实际参数就类似表演剧本的真实演员名，是真正参与演出的人。

```
def 函数名 ( 参数 1, 参数 2,…):
    实现计算的代码块
函数名 ( 实参 1, 实参 2,…)
```

Python 代码示例：

```python
def calculate(num1 , operator , num2):
    if operator == '+':
        print(num1 + num2)
    elif operator == '-':
        print(num1 - num2)
    elif operator == '*':
        print(num1 * num2)
    elif operator == '/':
        print(num1 / num2)
    else:
        print('wrong')
```

2.2.3　调用函数

请使用计算器实现以下计算。

（1）　98.3 * 65.9 =

（2）　97.2 / 17 =

（3）　125.7 + 43.6 =

（4）　47.76 * 12.3 =

（5）　83.09 + 13.82 =

```
calculate(98.3, '*', 65.9)
calculate(97.2, '/', 17)
calculate(125.7, '+', 43.6)
calculate(47.76, '*', 12.3)
calculate(83.09, '+', 13.82)
```

参考答案：

（1）6477.97

（2）5.71764706882

（3）169.3

（4）587.448

（5）96.91

2.3　拓展延伸

▶▶　请实现一个可以根据输入的参数（半径、颜色）来灵活画圆的函数。

Python 代码示例：

```
import turtle
t = turtle.Turtle()
def draw_circle(radius, c):
    t.begin_fill()
    t.circle(radius)
    t.fillcolor(c)
    t.end_fill()
```

调用函数：

```
draw_circle(100, 'Coral')
draw_circle(100, 'PaleVioletRed')
```

调用效果：

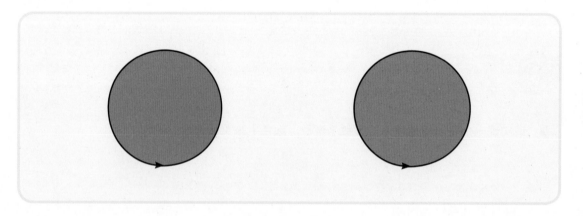

2.4 知识梳理

你学到了什么？

▶▶ 带参数函数的定义和调用语法

```
def 函数名 ( 参数 1， 参数 2,…):
    # 实现计算的代码块

函数名 ( 实参 1， 实参 2，…)
```

2.5 课后习题

难度系数 ★

（1）数学公式

编写程序，定义函数 $f(x,y)=\dfrac{x^3}{3}-\dfrac{y^2}{2}$，输入两个数 x 和 y，计算并输出 $f(x,y)$ 的结果。

输入示例：

3

输出示例：

2

（2）参数求和

a. 定义一个带参数的函数，功能为：输出三个参数的和。

b. 计算机获得三个输入：a、b、c。

c. 调用函数，传入 a、b、c 三个参数，打印求和结果。

输入示例：

2

3

5

输出示例：

10

（3）求累加和

设计函数程序实现：先找出正整数 *m* 和 *n* 之间（包括 *m* 和 *n*)能被 17 整除的数，然后将这些数累加求和，打印出结果。其中 *m*、*n* 由外部输入，且 0<*m*<*n*<1000）。

输入示例：

2

100

输出示例：

满足条件的数字之和为 255

难度系数 ★ ★

（4）求平均数与求和

编写程序，实现计算：对外部输入的三个数求平均数和其总和，要求如下。

a. 输入三个整数，分别为 *a*、*b*、*c*。

b. 定义一个函数 fun，该函数接受 3 个参数，并能计算 3 个参数之和 total_sum 及 3 个参数的平均数 total_average。

打印输出 total_sum 及 total_average，格式请参考样例。

c. 调用函数 fun，并将 *a*、*b*、*c* 作为参数传入 fun 函数。

输入示例：

1

2

3

输出示例：

三个数的和：6

三个数的平均数：2.0

第三节　　大象牙膏——函数的返回值

叮小马在实验室上课，学习了大象牙膏的制作。只要将适量的过氧化氢（双氧水）溶液与洗洁精混合倒入容器，再迅速将碘化钾溶液倒入，大象牙膏就生成了。实验现象是：液体上升，变色，气味散发（洗洁精味），水膨胀变成了泡沫，最后覆盖了容器。因其产生的现象像一个巨大的牙膏，很像大象使用的牙膏，故被称为"大象牙膏"。

本实验有一定的危险性，请务必在家长或老师的带领下进行。

用 Python 来模拟一下这个过程吧！

3.1　任务分解

制作"大象牙膏"的步骤分解如下。

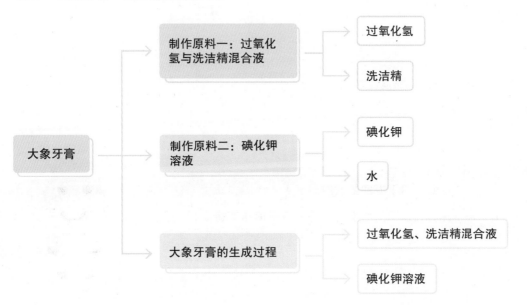

3.2 程序实现

3.2.1 制作原料一：过氧化氢与洗洁精混合液

过氧化氢与洗洁精混合液的生成过程很简单，就是将过氧化氢约 50 毫升倒入杯子，再滴入 3 ～ 4 滴的洗洁精，轻轻搅拌使其充分混合。

Python 代码示例：

```python
def yuanliao1(p1, p2):
    mix = p1 + '与' + p2 + '混合液'
    return mix
```

函数调用：

```python
mix1 = yuanliao1('过氧化氢', '洗洁精')
print(mix1)
```

运行结果：

```
过氧化氢与洗洁精混合液
```

return 用于返回函数结果。

return 返回的结果可以进一步赋值给变量。

3.2.2　制作原料二：碘化钾溶液

碘化钾溶液的生成过程也很简单，在一个杯子中装约 20 毫升的水，再加入一小勺碘化钾（约 0.5 克），将其搅拌溶解。

Python 代码示例：

```
def yuanliao2(p):
    mix = p + ' 溶液 '
    return mix
```

函数调用：

```
mix2 = yuanliao2(' 碘化钾 ')
print(mix2)
```

运行结果：

```
碘化钾溶液
```

3.2.3　大象牙膏的生成过程

现在到最后一步了，将碘化钾溶液倒入过氧化氢与洗洁精混合液中，大象牙膏立马就膨胀而出。

Python 代码示例：

```
def shiyan(mix1, mix2):
    if mix1 == ' 过氧化氢与洗洁精混合液 ' and mix2 == ' 碘化钾溶液 ':
        print(' 大象牙膏制作中。。。')
        return ' 大象牙膏 '
    else:
        print(' 原料不对哦～ ')
```

现在函数均已封装完成，接下来就进行函数的调用。将原料一和原料二的结果作为实际参数来调用大象牙膏生成的函数。

Python 代码示例：

```python
# 输入实验材料
a = input(' 请输入材料一：过氧化氢 ')
b = input(' 请输入材料二：洗洁精 ')
c = input(' 请输入材料三：碘化钾 ')
# 原料一：制作过氧化氢与洗洁精混合液
def yuanliao1(p1, p2):
    mix = p1 + ' 与 ' + p2 + ' 混合液 '
    return mix
# 原料二：碘化钾溶液
def yuanliao2(p):
    mix = p + ' 溶液 '
    return mix
# 实验函数：制作大象牙膏
def shiyan(mix1,mix2):
    if mix1 == ' 过氧化氢与洗洁精混合液 ' and mix2 == ' 碘化钾溶液 ':
        print(' 大象牙膏制作中。。。')
        return ' 大象牙膏 '
    else:
        print(' 原料不对哦～ ')
# 调用原料一函数，获取过氧化氢与洗洁精混合液
mix1 = yuanliao1(a, b)
# 调用原料二函数，获取碘化钾溶液
mix2 = yuanliao2(c)
# 将两种混合液作为参数，调用实验函数
result = shiyan(mix1, mix2)
print(result)
```

输出结果：

大象牙膏制作中。。。

大象牙膏

3.3 拓展延伸

在程序中定义一个变量时，这个变量是有作用范围的。根据定义变量的作用范围，变量可分为以下两类。

◆ **局部变量**

在函数里定义的变量，包括形式参数，都称为局部变量。

◆ **全局变量**

全局变量有两种：一种是在函数体外、全局范围内定义的变量；另一种是在函数体内定义，但是用 global 申明后的变量。

以下语句的输出是什么？

```
message = ' 唯有在被追赶的时候，你才能真正地奔跑。'
def fun():
    message = ' 命运给予我们的不是失望之水，而是希望之杯。'
    print(' 函数体内：',message)
# 问题 1：以下语句的输出是什么
print(message)
# 问题 2：以下语句的输出是什么
fun()
```

输出结果：

> 唯有在被追赶的时候，你才能真正地奔跑。
>
> 函数体内：命运给予我们的不是失望之水，而是希望之杯。

以下语句的输出是什么?

```
# 题目 1
name = ' 我是张三，我是全局变量 '
def your_name():
    print(name)
your_name()
```

```
# 题目 2
name = ' 我是张三，我是全局变量 '
def your_name():
    name = ' 我是李四，我是局部变量 '
    print(name)
your_name()
```

```
# 题目 3
name = ' 我是张三，我是全局变量 '
def your_name():
    global name
    name = ' 我是李四，我是局部变量 '
    print(name)
your_name()
```

```
# 题目 4
name = ' 我是张三，我是全局变量 '
def your_name():
    global name
    name = ' 我是李四，我是局部变量 '
    print(name)
your_name()
print(name)
```

参考答案：

> 题目 1：我是张三，我是全局变量
>
> 题目 2：我是李四，我是局部变量
>
> 题目 3：我是李四，我是局部变量
>
> 题目 4：我是李四，我是局部变量
>
> 　　　　我是李四，我是局部变量

3.4 知识梳理

你学到了什么?

▶▶ 函数的返回值

使用 return 来返回函数的结果,可以返回一个结果或多个结果。如果返回多个结果,则用逗号分隔。

▶▶ 局部变量和全局变量

局部变量是定义在函数体内的变量,该变量只在函数体内起作用。

全局变量是定义在函数体外、全局范围内的变量,或者在函数体内用 global 申明后的变量,该变量在全局范围起作用。

3.5 课后习题

难度系数 ★

(1) 乘法计算器

请设计一个如下的乘法计算器。

a. 输入三个整数 a、b、c。

b. 定义一个函数 fun,计算 $a*b*c$ 的结果,并将结果返回。

c. 调用 fun 函数,将结果打印出来。

输入示例:

2
3
4

输出示例:

24

（2）比较大小

请实现一个比较大小的函数，要求如下。

a. 输入三个数 a、b、c。

b. 定义一个函数 fun，返回 a、b、c 的最大值。

c. 调用函数 fun，将函数返回值打印出来。

输入示例：

2

3

4

输出示例：

4

（3）判断一个数能否被整除

设计函数程序实现：判断一个数 n 能否同时被 3 和 5 整除，如果能同时被 3 和 5 整除返回 YES，否则返回 NO。（n 由外部输入）

输入示例：

15

输出示例：

YES

难度系数　★★

（4）求三角形的面积

编写一个程序，实现由输入得到直角三角形的面积，要求如下。

a. 输入有两个 a、b 代表直角三角形的两直角边长（都为整数）。

b. 定义一个函数，实现求出直角边长分别为 a、b 的直角三角形的面积，并返回该面积。

c. 调用函数，得到结果。

输入示例：

3

4

输出示例：

三角形的面积是 6.0

第四节   幸运顾客——常用函数

暑假到了，叮小马去表姐的火锅店帮忙。火锅店原来的生意很好，每天下午都有很多人排队，但自从隔壁新开了一家火锅店后，就有一部分客人跑到隔壁火锅店去了。表姐准备策划两个优惠活动，来吸引顾客。

活动一
每天来消费的第100位顾客，随机打折。

活动二
每天下午9:00结账的顾客，随机免单一个菜品。

叮小马决定用 Python 做出小程序，帮表姐实现这次优惠活动。

4.1   任务分解

小程序制作的步骤分解如下。

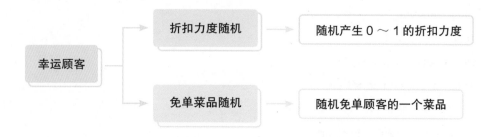

幸运顾客 —— 折扣力度随机 —— 随机产生 0 ~ 1 的折扣力度

幸运顾客 —— 免单菜品随机 —— 随机免单顾客的一个菜品

4.2   程序实现

4.2.1   折扣力度随机

折扣力度是一个从 0 ~ 1 之间的任意数字，比如 0.2 代表打八折。我们可以使用 random 模块里的 random() 函数来得到一个 0 ~ 1 的任意数字。使用方法很简单，先导入模块，然后使用这个模块里的 random() 函数。我们先运行一下如下两行代码，会发现，每次运行的结果都是随机出现的。

● Python 代码示例：

```
import random
print(random.random())
```

● 运行结果（一）：

0.510313608293

● 运行结果（二）：

0.615326126758

现在我们来实现这个小功能。首先，输入第 100 位客人的消费金额，然后随机产生一个折扣力度，最后打印输出应支付总额、优惠金额、实际需要支付的金额。

● Python 代码示例：

```
import random
total = float(input())
off = random.random()
discount_price = total*(1-off)
print(' 应支付总额 ', total)
print(' 优惠减免金额 ', total*off)
print(' 实际需要支付的金额 ', discount_price)
```

● 运行结果（一）（输入金额：560.3）：

应支付总额 560.3

优惠减免金额 529.25488708

实际需要支付的金额 31.0451129199

● 运行结果（二）（输入金额：267.2）：

应支付总额 267.2

优惠减免金额 253.286073363

实际需要支付的金额 13.9139266373

4.2.2 免单菜品随机

　　顾客点的菜品在输入系统后有一个顺序，我们的免单规则是根据客户的菜品顺序，从第一个菜到最后一个菜，随机选出一道被免单的菜。为实现这个功能，我们可以使用 random 模块里的 randint() 函数。这个函数需要传入两个参数，第一个是开始的数字，第二个是结束的数字，这样就能从开始数字到结束数字这个区间随机获得一位整数。其语法规则如下。

```
randint(start,end)
```

Python 代码示例：

```
random.randint(3,5)
```

　　现在我们来实现这个功能。首先，输入 9:00 整买单客人的菜品总数，然后根据系统里客人菜品的顺序，随机免单一个菜。

● Python 代码示例：

```
end = int(input(' 该桌客人消费菜品总数：'))
free = random.randint(1, end)
print(' 被减免的是第 ', free, ' 道菜 ')
```

● 运行结果（输入菜品总数：5）：

该桌客人消费菜品总数：5
被减免的是第 1 道菜

4.3 拓展延伸

4.3.1 time 模块

　　time 模块是一个关于时间处理的工具包，它有两个常用的函数：time() 函数和 sleep() 函数。

　　time() 函数，返回的是从 1970-01-01 00:00:00 到现在的秒数。

　　sleep() 函数是可以让程序暂停一定秒数的函数，至于暂停多久，就看我们写的参数是多少了。比如 sleep(0.02) 代表让程序暂停 0.02 秒。

● Python 代码示例：

```
import time
print(time.time())
```

● 运行结果：

1574136764.16

4.3.2　Python 常用内置函数

　　在 Python 中，除了我们常用的 print()、input() 函数外，还内置了很多其他函数。通过这些内置函数，我们可以直接对数据做一些计算和转换，不需要自己重新定义函数来实现。

　　Python 常用内置函数如下表所示。

常用内置函数	含义及用法	示例
abs(x)	求 x 的绝对值	abs(-1) 的值为 1
pow(x,y)	幂函数，返回 x 的 y 次方	pow(2,2) 的值为 4
round(x,y)	保留 x 的 y 位小数	round(3.1415,2) 的值为 3.14
max(x,y,z,⋯)	返回 max 函数里参数的最大值	max(1,2,3) 的值为 3
min(x,y,z,⋯)	返回 min 函数里参数的最小值	min(1,2,3) 的值为 1
hex(x)	将整数 x 转换为二进制字符串	hex(2) 的值为 0x2
oct(x)	将整数 x 转换成八进制字符串	oct(2) 的值为 0o2
bin(x)	将整数 x 转换为二进制字符串	bin(2) 的值为 0b10

4.4 知识梳理

你学到了什么?

▶▶ random 随机模块

random 模块中的 random() 函数可以随机返回一个 0 ～ 1 的任意小数;

randint() 函数有两个参数,语法为 randint(start,end),可以返回 start ～ end 之间的任意一个整数。

▶▶ time 时间模块

time 模块里的 time() 函数可以返回从 1970-01-01 00:00:00 到现在的秒数;

sleep() 函数有一个参数,语法为 sleep(secs),可以让程序暂停 secs 秒。

▶▶ 常用的内置函数

Python 中内置了很多的函数,了解这些函数,能帮助我们直接进行数据计算和转换,而不需要自己重新"造轮子"。

4.5 课后习题

难度系数 ✦

(1)保留小数
输入一个数 n,输出 n 保留两位小数的结果(采用四舍五入的方式)。

输入示例：

     0.255

输出示例：

     0.26

（2）求最大值与最小值

输入三个整数 x、y、z，将这三个数中最大和最小的数值打印出来，两个数中间用空格分隔。

说明：如果最大或最小的数有多个，则只打印一个。

输入示例：

     1

     2

     3

输出示例：

     3 1

（3）乘方计算

输入两个整数 n、m，打印 n 的 m 次方的值。

输入示例：

     2

     3

输出示例：

     8

难度系数 ★ ★

（4）进制转换

输入一个正整数 n，依次输出 n 的 2 进制、8 进制、16 进制数的值，数值间用空格分隔。

输入示例：

     2

输出示例：

     0b10 0o2 0x2

第二单元

基础数据类型

第五节　　拼字游戏——访问字符串中的值

一天，叮小马的弟弟想要玩拼字游戏，但是妈妈对弟弟说，"现在是学习时间，不能玩游戏"。弟弟很难过，叮小马为了安慰弟弟，就对弟弟说："那我们用 Python 来玩拼字游戏吧，这样我们就能一边学习一边玩拼字游戏啦"，弟弟的脸立马就放晴了。

5.1　任务分解

如何才能实现拼字游戏的程序呢？任务分解如下。

5.2　程序实现

5.2.1　字符串访问值

例如，将字母 c、b、p、a、d、u 按顺序存放在字符串 str1 中，这些字母可组成 bad、cup 两个单词。让计算机把这两个单词打印出来，就需用到字符串访问值的功能。

● 示例 1：打印单词 bad

```
str1 = 'cbpadu'
print(str1[1]+ str1[3]+ str1[4])
```

● 运行结果：

bad

● 示例 2：打印单词 cup

```
str1 = 'cbpadu'
print(str1[0]+ str1[5]+ str1[2])
```

● 运行结果：

cup

特别注意：

◆ 访问字符串中对应字符的方式：字符串变量名 [下标]。

◆ 当下标不为负数时，字符串从左到右下标依次为 0、1、2……

c	b	p	a	d	u
0	1	2	3	4	5

5.2.2　字符串切片

如果将字母 c、u、p、a、d、b 按顺序存放在字符串 str1 中，访问单词 cup 就有两种方式。

● 方式一：访问值的形式

```
str1 = 'cupadb'
print(str1[0]+ str1[1]+ str1[2])
```

● 方式二：切片形式

```
str1 = 'cupadb'
print(str1[0:3])
```

● 运行结果：

cup

特别注意：

◆ 字符串中的一段称为一个切片。

◆ 字符串变量名 [n:m] 返回字符串中从第 *n* 个字符到第 *m* 个字符的部分，包含第 *n* 个字符，但不包含第 *m* 个字符。

5.3 拓展延伸

▶▶ 字符串的下标还可以为负数

从字符串的最后一位开始下标依次为 –1、–2、–3⋯⋯

c	u	p	a	d	b
–6	–5	–4	–3	–2	–1

▶▶ 字符串切片格式：字符串变量名 [start:end:step]

[start:end:step] 表示从 start 提取到 end – 1，每 step 个字符提取一个。当 step 为负数时，从字符串的最后一位开始提取。

● Python 代码示例 1：

```
str1 = 'cupadb'
print(str1[1:4:2])
```

● 运行结果 1：

ua

● Python 代码示例 2：

```
str1 = 'cupadb'
print(str1[4:1:-1])
```

● 运行结果 2：

dap

如果所有参数都省略，如 [:]、[::]，那么可提取从开头到结尾的整个字符串。

● Python 代码示例 1：

```
str1 = 'cupadb'
print(str1[:])
```

● 运行结果 1：

cupadb

● Python 代码示例 2：

```
str1 = 'cupadb'
print(str1[::])
```

● 运行结果 2：

cupadb

如果省略 step 参数，如 [start:end]，那么可从 start 提取到 end − 1。

● Python 代码示例：

```
str1 = 'cupadb'
print(str1[2:5])
```

● 运行结果：

pad

如果省略 start 参数，如 [:end]，那么可从开头提取到 end − 1。

● Python 代码示例：

```
str1 = 'cupadb'
print(str1[:3])
```

● 运行结果：

cup

如果省略 end 参数，如 [start:]，那么可从 start 提取到结尾。

● Python 代码示例：

```
str1 = 'cupadb'
print(str1[3:])
```

● 运行结果：

adb

▶▶ 字符串是不可变的

● Python 代码示例：　　● 运行结果：

```
str1 = 'ceaddx'
str1[0] = 's'
```

TypeError: 'str' does not support item assignment

▶▶ 字符串的遍历：for…in…

● Python 代码示例：

```
str1 = 'ceadbx'
for ch in str1:
    print(ch, end=',')
```

● 运行结果：

c,e,a,d,b,x,

5.4　知识梳理

你学到了什么？

▶▶ 访问字符串中对应的字符：字符串变量名 [下标]

下标说明如下表所示。

str1	c	u	p	a	d	b
下标不为负	0	1	2	3	4	5
下标为负	−6	−5	−4	−3	−2	−1

▶▶ 字符串切片格式：字符串变量名 [start:end:step]

命令	命令说明
[:] 或者 [::]	提取从开头到结尾的整个字符串
[start:]	从 start 提取到结尾
[:end]	从开头提取到 end−1
[start:end]	从 start 提取到 end − 1
[start:end:step]	从 start 提取到 end − 1，每 step 个字符提取一个 。当 step 为负数时，从字符串的最后一位开始提取

▶▶ 字符串是不可变的

▶▶ 字符串可通过 for…in…遍历

 5.5 　课后习题

难度系数　★

（1）判断字符串首尾

　　输入一段字符串，判断其开始是否为 go，结尾是否为 Q，如果都满足，则输出 True，否则为 False。

输入示例：

　　　go123\

输出示例：

　　　False

（2）字符串的拼接

输入两个字符串 string1 和 string2，提取 string1 中的第 1 个字符、第 2 个字符，以及字符串 string2 的最后一个字符，按照顺序组装成新的单词，并打印出来。

输入示例：

longtime

victory

输出示例：

loy

（3）删除单词后缀

外部输入一个单词，如果该单词以 er、ly 或者 ing 后缀结尾，则删除该后缀（输入时应保证删除后缀后的单词长度不为 0），否则不进行任何操作（打印出原单词）。

输入示例：

doing

输出示例：

do

难度系数　✷　✷

（4）字符串反转

输入一个字符串 string 。

输出打印字符串 string 反转后的结果。

输入示例：

China I love you

输出示例：

uoy evol I anihC

第六节　成长档案——字符串格式化

叮小马弟弟的班主任让同学们整理自己的个人信息，作为每个人的成长档案内容。由于信息量大且零散，叮小马的弟弟就请哥哥帮他做一个类似这样的成长档案表，方便每位同学填写。

成长档案

姓名：- - - - - - - - - - - - - - - - - -

性别：- - - - - - - - - - - - - - - - - -

年龄：- - - - - - - - - - - - - - - - - -

爱好：- - - - - - - - - - - - - - - - - -

家庭住址：

- - - - - - - - - - - - - - - - - -

- - - - - - - - - - - - - - - - - -

6.1　任务分解

成长档案小程序的制作步骤分解如下。

6.2　程序实现

6.2.1　% 格式化

Python 中常用的 % 格式化有以下三种。

◆　%s　　表示字符串。

◆　%d　　表示整数。

◆　%f　　表示浮点数。

● 示例 1：字符串格式化

name = input(' 请输入姓名：')
print(' 姓名：%s'%name)

● 运行结果（输入叮小马）：

请输入姓名：叮小马
姓名：叮小马

● 示例 2：整数格式化

age = int(input(' 请输入年龄：'))
print(' 年龄：%d'%age)

● 运行结果（输入 12）：

请输入年龄：12
年龄：12

● 示例 3：浮点数格式化

pi = 3.1415926
print('pi 的值为：%f'%pi)

● 运行结果：

pi 的值为：3.1415926

● 示例 4：保留指定小数位数的浮点数格式化

pi = 3.1415926
print('pi 的值为：%.2f'%pi)

● 运行结果：

pi 的值为：3.14

成长档案 Python 代码示例：

```python
name = input(' 请输入你的姓名：')
sex = input(' 请输入你的性别：')
age = int(input(' 请输入你的年龄：'))
hobby = input(' 请输入你的爱好：')
address = input(' 请输入你的家庭住址：')
print(' 姓名：%s\n 性别：%s\n 年龄：%d\n 爱好：%s\n 家庭住址：%s\n'% \
(name,sex,age,hobby,address))
```

输入数据：

```
请输入你的姓名：叮小马
请输入你的性别：男
请输入你的年龄：12
请输入你的爱好：编程
请输入你的家庭住址：四川省成都市
```

运行结果：

```
姓名：叮小马
性别：男
年龄：12
爱好：编程
家庭住址：四川省成都市
```

6.2.2 format 格式化

format 也是格式化打印的一种方式，format 用 {} 代替了 %。

示例 1：

```
name = input(' 请输入你的姓名：')
print(" 姓名：{}".format(name))
```

运行结果（输入叮小马）：

```
请输入你的姓名：叮小马
姓名：叮小马
```

示例 2：

```
name = input(' 请输入你的姓名 ')
age = int(input(' 请输入你的年龄 '))
print(" 姓名：{} 年龄：{}".format(name,age))
```

运行结果（输入叮小马和 12）：

```
请输入你的姓名：叮小马
请输入年龄：12
姓名：叮小马  年龄 12
```

成长档案 Python 代码示例：

```
name = input(' 请输入你的姓名：')
sex = input(' 请输入你的性别：')
age = input(' 请输入你的年龄：')
hobby = input(' 请输入你的爱好：')
address = input(' 请输入你的家庭住址：')
print(' 姓名：{}\n 性别：{}\n 年龄：{}\n 爱好：{}\n 家庭住址：{}\n' \
.format(name,sex,age,hobby,address))
```

输入数据：

```
请输入你的姓名：叮小马
请输入你的性别：男
请输入你的年龄：12
请输入你的爱好：编程
请输入你的家庭住址：四川省成都市
```

运行结果：

> 姓名：叮小马
>
> 性别：男
>
> 年龄：12
>
> 爱好：编程
>
> 家庭住址：四川省成都市

6.3　拓展延伸

　　我们在编写成长档案代码的时候，用到了转义字符。什么是"转义"呢？可以理解成采用某些方式暂时取消该字符本来的含义。转义字符能将反斜杠"\"后面的字符转换成另外的意义，如"\n"里的"n"不代表字母 n 而是作为换行符。更多示例见下表。

符号	符号说明
\\	反斜杠字符 \
\"	双引号字符
\'	单引号字符

6.4　知识梳理

　　你学到了什么？

▶▶ **字符串对应的格式符：%s**

例：

name=input()

print(" 姓名：%s"%name)

▶▶ 整型对应的格式符：%d

例：

name=input()

age=int(input())

print(" 姓名：%s 年龄：%d"%(name,age))

▶▶ 浮点数对应的格式符：%f

例：

pi=3.1415926

print("pi 的值为：%.2f"%pi)

▶▶ format 格式化和 % 格式化类似，但不用知道具体是什么类型

例：

name=input()

age=int(input())

print(" 姓名：{} 年龄：{}".format(name,age))

6.5 课后习题

难度系数　✦

（1）判断单词是否存在
　　设计程序，判断单词 str1 是否存在于英文句子 str2 中，如果存在则输出

"str1 在 str2 中",否则输出"str1 不在 str2 中"(str1 和 str2 要求是外部输入的字符串)。

输入示例:

love

love you

输出示例:

love 在 love you 中

（2）保留有效数字输出

设计程序实现，外部输入浮点数 n，将其转换为保留两位小数的数字输出。

输入示例:

2.892

输出示例:

2.89

（3）打印数学式

设计程序实现，外部输入两个数（浮点型数据），将两个数求和的式子打印出来。

输入示例:

2.3

3.2

输出示例:

2.3+3.2=5.5

难度系数

（4）求正方形的基本信息

设计函数实现，外部输入一个正方形的边长 n（正整数），将其基本信息打印出来，基本信息包括：边长、周长、面积。（长度单位厘米）

输入示例:

1

输出示例:

正方形的边长是 1 厘米，周长是 4 厘米，面积是 1 平方厘米

第七节　修改英文作文——字符串的内建函数

叮小马正在认真地编程，突然听到了开门的声音，原来是叮小马的弟弟放学回来了。但是，弟弟怎么垂头丧气的呢？原来弟弟的英文作文有很多的错误，需要自己改正，然后交给老师检查。叮小马想，正好我可以做一个 Python 程序，帮助弟弟改正英文作文中的错误。

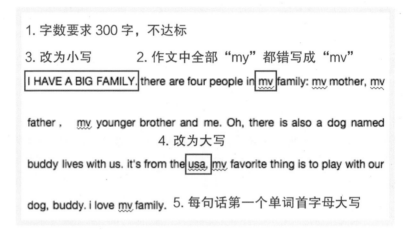

1. 字数要求 300 字，不达标

3. 改为小写　　　2. 作文中全部"my"都错写成"mv"

I HAVE A BIG FAMILY. there are four people in mv family: mv mother, mv

father , mv younger brother and me. Oh, there is also a dog named

4. 改为大写

buddy lives with us. it's from the usa. mv favorite thing is to play with our

dog, buddy. i love mv family. 5. 每句话第一个单词首字母大写

7.1　任务分解

叮小马弟弟的这篇作文有很多错误，我们需要一一改正，具体步骤分解如下。

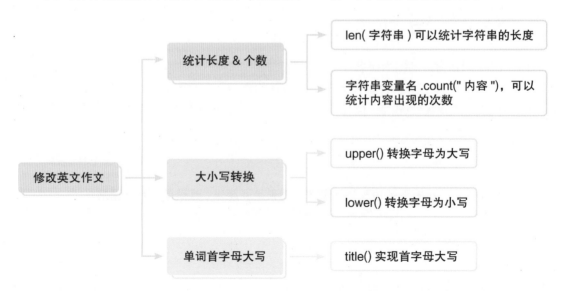

修改英文作文
- 统计长度 & 个数
  - len(字符串) 可以统计字符串的长度
  - 字符串变量名 .count(" 内容 ")，可以统计内容出现的次数
- 大小写转换
  - upper() 转换字母为大写
  - lower() 转换字母为小写
- 单词首字母大写
  - title() 实现首字母大写

7.2　程序实现

7.2.1　统计长度 & 个数

叮小马弟弟的这篇作文，错误还真有点多呢！我们一个一个地解决。第一个问题，单词数没有达到老师的要求。那么到底差多少呢？我们先来看看叮小马的弟弟写了多少字吧！

统计字符串长度可以用 len() 函数。

● Python 代码示例：

```
str1 = '''I HAVE A BIG FAMILY. there are four people in mv
family: mv mother, mv father, mv younger brother and me.
Oh, there is also a dog named buddy lives with us. it's from
the usa. mv favorite thing is to play with our dog, buddy. i
love mv family. '''
print(len(str1))
```

● 运行结果：

246

三引号中可以存放有换行的字符串。

叮小马弟弟作文中的第二个问题，"my"这个单词错写成了"mv"，那到底写错了多少个呢？

统计某个字符串的个数可以用 count() 函数。

● Python 代码示例：

● 运行结果：

```
str1 = "'I HAVE A BIG FAMILY. there are four people in
mv family: mv mother, mv father, mv younger brother
and me. Oh, there is also a dog named buddy lives with
us. it's from the usa. mv favorite thing is to play with our
dog, buddy. i love mv family. "'
print(str1.count('mv'))
```

6

7.2.2　大小写转换

叮小马弟弟作文中的第三个问题，第一句话除了第一个单词的首字母，其他都应该小写。我们要将字符串转换为小写字母，需要用到 lower() 函数。lower() 函数可以将字符串中所有的大写字母转为小写字母。

● Python 代码示例：

● 运行结果：

```
str1 = 'HAVE A BIG FAMILY'
print(str1.lower())
```

have a big family

叮小马弟弟作文中的第四个问题，"the usa"应该写成"the USA"。我们要将指定字符串转换为大写字母，要用到 upper() 函数。upper() 函数可以将字符串中所有的小写字母转为大写字母。

● Python 代码示例：

● 运行结果：

```
str1 = 'usa'
print(str1.upper())
```

USA

7.2.3 单词首字母大写

叮小马弟弟作文中的第五个问题，英文作文中，每句话的首字母应该大写。capitalize() 函数可以解决这个问题。

Python 代码示例：	运行结果：
str1 = 'i love my family' print(str1. capitalize())	I love my family

Python 中还有一个可以将字符串中每个单词的首字母变为大写的函数——title()。

Python 代码示例：	运行结果：
str1 = 'i love my family' print(str1.title())	I Love My Family

7.3 拓展延伸

▶▶ 分割字符串：可以根据不同的分隔符对字符串进行切片。

将"I love my family"根据空格进行切片，split() 可以实现该功能。

Python 代码示例：	运行结果：
str1 = 'I love my family' print(str1.split(' '))	['I', 'love', 'my', 'family']

7.4 知识梳理

你学到了什么？

▶▶ 统计长度：len(字符串)

▶▶ 统计字符串中某个内容出现的次数：字符串 .count(" 内容 ")

▶▶ 大写转小写：字符串 .lower()

▶▶ 小写转大写：字符串 .upper()

▶▶ 单词首字母大写：字符串 .title()

▶▶ 分割字符串：字符串 .split(分隔符)

7.5 课后习题

难度系数 ★

（1）字符串大小写转换

编写一个程序，实现字符串大小写转换。要求如下。

a. 输入一个字符串 string。

b. 先将 string 中的字符全部转换为大写，然后再将 string 中的字符全部转换为小写。

c. 输出打印全部的大写与小写结果。

输入示例：

　　　abcDEFg

输出示例：

　　　ABCDEFG

　　　abcdefg

（2）字符串查找

对于一个给定的 source 字符串和一个 target 字符串，在 source 字符串中找出 target 字符串出现的第一个位置（从 0 开始）。如果不存在，则返回 -1。

如果 source = "source" 和 target = "target"，则返回 -1。

如果 source = "abcdabcdefg" 和 target = "bcd"，则返回 1。

输入示例：

souce
target

输出示例：

-1

（3）统计某字母出现的次数

输入一个字符串 string，统计 string 字符串中字母 "n" 出现的次数。

输出并打印结果。

注意："n" 是小写哦。

输入示例：

I like to learn programming with dingdangcode

输出示例：

4

难度系数

（4）分割网址

定义函数 division 实现外部输入一个网址，以 "." 为分割符将网址分割开。

输入示例：

edu.dingdangcode.com

输出示例：

['edu', 'dingdangcode', 'com']

第八节　　　抽签小游戏——列表

叮小马一家人吃完晚饭，该有人去洗碗了，但是妈妈想看电视剧，爸爸想玩游戏，叮小马的弟弟想看故事书，叮小马想编程，谁也不想洗碗。这个时候呢，抽签就是最好的解决问题的办法了。

8.1　任务分解

怎样实现一个简易抽签小游戏的程序呢？任务分解如下所示。

8.2 程序实现

8.2.1 列表的定义

在家里,你最喜欢的人是谁呢? 第二喜欢的人是谁? 如果让你依次写出家里你最喜欢的人,你可能会这样写:

1. 爸爸　　2. 妈妈　　3. 奶奶　　4. 爷爷

在 Python 中,可以写成这样:

```
favorite = [ " 爸爸 ", " 妈妈 ", " 奶奶 ", " 爷爷 " ]
```

这就是列表,列表中可以有很多元素, "爸爸"就是上面列表中的一个元素,元素之间用逗号分隔,而且元素之间是存在顺序关系的。

创建列表需注意:

◆ 创建一个列表的方式: 使用 [] 将元素括起来。

◆ 列表可以赋值给变量。

◆ 列表里可以存放任何类型的值。

● Python 代码示例:

```
family = [" 爸爸 ", " 妈妈 ", " 叮小马 ", " 叮小马的弟弟 "]
print(family)
```

● 运行结果:

```
[' 爸爸 ', ' 妈妈 ', ' 叮小马 ', ' 叮小马的弟弟 ']
```

8.2.2 访问列表的值

列表中的元素是有顺序关系的。我们平时数数，都是从 1 开始数。而在列表中，元素的顺序是从 0 开始计算的，从左往右依次增加。而从 0 开始的那些数字，称作下标。上面的列表例子中，"爸爸"的下标是 0，"妈妈"的下标是 1……

那么，怎么访问列表中的值呢？有两种方法：第一种，通过下标索引位置访问单个值；第二种，利用下标索引区间访问多个值。

访问单个值

● 示例 1：

print(family[1])
print(family[2])

● 运行结果：

妈妈
叮小马

切片访问多个值

● 示例 2：

print(family[1:3])

● 运行结果：

[' 妈妈 ', ' 叮小马 ']

8.2.3 小程序的实现

第一步：把四个人放到抽签的列表里。

family = [" 爸爸 ", " 妈妈 ", " 叮小马 ", " 叮小马的弟弟 "]

第二步：设置一个抽签种子 num。

两种方法：

方法 1：

```
# 设置成一个定数
num = 987678
```

方法 2：

```
# 外部输入一个数
num = int(input())
```

第三步：访问列表中索引号为 num 除以 4 的余数的值。

```
print(family[num%4])
```

注意：当抽签列表中的元素个数为 n 时，访问方法如下。

```
print(family[num%n])
```

8.3　拓展延伸

▶▶　列表的下标

　　列表和字符串一样，下标既可以为正数，也可以为负数。当下标为正数的时候，列表的索引顺序是从左至右，第一个索引下标为 0；当下标为负数的时候，列表的索引顺序是从右至左，第一个索引下标为 −1。具体排序方式见下表。

列表	元素 1	元素 2	元素 3	元素 4	....	元素 $n-1$	元素 n
下标为正	0	1	2	3	....	$n-2$	$n-1$
下标为负	$-n$	$-(n-1)$	$-(n-2)$	$-(n-3)$	....	-2	-1

▶▶ 列表的切片

列表也有切片操作，使用方法和字符串类似。

列表切片格式为：

列表名 [start:end:step]

其中，start 代表切片开始的下标位置，若省略，则默认从第一个元素开始；end 代表切片结束的下标位置，若省略，则默认到列表最后一个元素；step 代表切片的间隔及切片方向，若省略，则默认从左至右截取，间隔为 1。当 step 为负数的时候，代表截取列表的方向是从右至左。

● 示例 1：

list_1 = [1, 2, 3, 4, 5]
print(list_1[:])

● 运行结果：

[1, 2, 3, 4, 5]

● 示例 2：

list_1 = [1, 2, 3, 4, 5]
print(list_1[::])

● 运行结果：

[1, 2, 3, 4, 5]

● 示例 3：

list_1 = [1, 2, 3, 4, 5]
print(list_1[0:3:2])

● 运行结果：

[1, 3]

● 示例 4：

list_1 = [1, 2, 3, 4, 5]
print(list_1[4:1:-2])

● 运行结果：

[5, 3]

▶▶ 列表的遍历

我们可以通过 for 循环来遍历列表，获取列表中的每个值。

● 示例：

```
list_1 = [1, 2, 3, 4, 5]
for i in list_1:
    print(i, end=' ')
```

● 运行结果：

1 2 3 4 5

▶▶ 列表的运算

列表也有"+""*"运算。"+"操作符可以拼接列表，"*"操作符可以重复一个列表多次。

● 示例 1：

```
list1 = [1, 2, 3]
list2 = [4, 5, 6]
list3 = list1 + list2
print(list3)
```

● 运行结果：

[1, 2, 3, 4, 5, 6]

● 示例 2：

```
list1 = [1, 2, 3]
print(list1 * 2)
```

● 运行结果：

[1, 2, 3, 1, 2, 3]

8.4 知识梳理

你学到了什么?

▶▶ 列表的定义与访问

可以通过"[]"来定义列表。访问列表的值有两种方式，既可以通过下标位置访问单个值，也可以通过下标的一个区间位置访问多个值。

▶▶ 列表可进行"+""*"操作

"+"操作符可以拼接列表，"*"操作符重复一个列表多次。

▶▶ 列表的遍历

可以用 for 循环来遍历访问列表的值。

8.5 课后习题

难度系数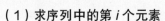

（1）求序列中的第 *i* 个元素

编写一个程序，实现得到序列的第 *i* 个元素的值。要求如下。

a. 有一固定字符串 s，值为 "abcdef"。

b. 输入一个数字 num ，代表索引。

c. 通过数字 num，找到 s 的第 *i* 个元素，输出并打印。

例如， s = "abcdef"，则 s[1] == "b"。

输入示例：

　　　1

输出示例：

　　　b

（2）生成降序整数列表

输入一个整数 *a*(*a* 大于或等于 1)，生成从 *a* 到 1 的整数序列，并输出。

输入示例：

3

输出示例：

[3, 2, 1]

输入示例：

8

输出示例：

[8, 7, 6, 5, 4, 3, 2, 1]

（3）抽签

编写一个程序，实现对列表元素的选择，要求如下。

a. 定义一个列表 list1，值为 ['爸爸', '妈妈', '我']。

b. 输入一个整数 num，把 num 除以 3 的余数当作列表的索引值 index。

c. 输出并打印 list1 索引为 index 的元素。

输入示例：

987678

输出示例：

爸爸

难度系数

（4）同学列表

定义一个列表用来存储叮小马及叮小马的 4 个同学，从外部输入他们的名字，最后打印出这个列表。

输入示例：

叮小马

黄小雅

小丫

吉米

凯迪

输出示例：

['叮小马', '黄小雅', '小丫', '吉米', '凯迪']

第九节　文明排队——列表中的内嵌函数

叮小马准备乘坐动车回老家，在进站口发现旅客提着行李有条不紊地排队，队伍前面的旅客一个个地减少，后面的旅客一个个地增加。中途偶尔会出现一两个插队的旅客。叮小马看到此情景心想，可不可以用Python设计程序来模拟旅客排队的情况呢？

9.1　任务分解

怎样做一个文明排队的小示范呢？任务分解如下所示。

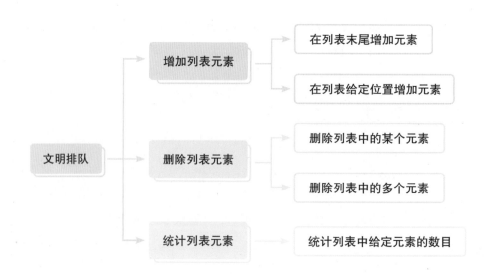

9.2 程序实现

9.2.1 添加列表元素

（1）正常排队，新元素添加到列表尾端

● Python 代码示例：

```
list1=['a', 'b', 'c', 'd']
list1.append('e')
print(list1)
```

● 运行结果：

```
['a', 'b', 'c', 'd', 'e']
```

（2）在指定位置（下标为 2）插入元素

● Python 代码示例：

```
list1=['a', 'b', 'c', 'd']
list1.insert(2,'e')
print(list1)
```

● 运行结果：

```
['a', 'b', 'e', 'c', 'd']
```

append() 函数用于向列表末尾增加一个元素。insert() 函数用于在列表中的某一个位置增加一个元素。

9.2.2　删除列表元素

新建列表 list1=['a', 'b', 'c', 'd']

（1）删除某个元素或连续的多个元素

● 示例 1：

```
del list1[2]
print(list1)
```

● 运行结果：

['a', 'b', 'd']

● 示例 2：

```
del list1[0:2]
print(list1)
```

● 运行结果：

['c', 'd']

（2）从列表中删除第一次出现的某个元素

● 示例：

```
list1.remove('a')
print(list1)
```

● 运行结果：

['b', 'c', 'd']

（3）修改列表，并返回被删掉的值

● 示例：

```
print(list1.pop(3))
print(list1)
```

● 运行结果：

d

['a', 'b', 'c']

del 用于从列表中删除某个元素或者连续的多个元素。

remove() 函数用于从列表中删除第一次出现的某个元素。

pop() 函数用于修改列表，并返回被删掉的值。

9.2.3 统计列表元素

我们可以用 len() 函数来统计某个列表元素的数目。

● 示例：

print(len(list1))

● 运行结果：

4

9.3 拓展延伸

▶▶ 通过 extend() 函数向列表末尾添加多个元素

前面已经讲过利用 append() 函数向列表尾部添加元素，那么如果向列表尾部同时添加多个元素又该怎么办呢？可以使用 extend 函数来实现。

● 示例：

alist = [1, 2, 3, 4]

alist.extend(['a', 'b', 'c'])

print(alist)

● 运行结果：

[1, 2, 3, 4, 'a', 'b', 'c']

▶▶ 通过 sorted() 函数对列表进行排序

如果需要对列表里的元素进行从小到大的排序，可以使用 sorted() 函数来实现。

● 示例：

```
alist = [4, 2, 1, 3]
blist = sorted(alist)
print(blist)
```

● 运行结果：

[1, 2, 3, 4]

▶▶ 列表推导式

列表推导式属于列表的一种比较高级的用法，其格式为：[表达式 for 变量 in 列表]。

● 示例：

```
list1 = [x**2 for x in range(1, 11)]
print(list1)
```

● 运行结果：

[1, 4, 9, 16, 25, 36, 49, 64, 81, 100]

9.4 知识梳理

你学到了什么？

函数 / 命令	函数 / 命令说明
append()	向列表中添加元素
del list[i]	删除列表中的元素
list.remove()	
list.pop()	
len(list)	统计列表中的元素个数
sorted()	排序

9.5 课后习题

难度系数

（1）翻转数组

请编写程序，翻转给出的数组 nums。

比如：

给出 nums = [1，2，5]

返回 [5,2,1]

输入示例：

1,2,3

输出示例：

[3，2，1]

（2）列表的复制

创建 score1 列表，其中包含 2 个数值元素值：80、61，将 score1 中的

元素复制 *n*（外部输入 *n*, *n* 是大于等于 1 的正整数）次后保存在 score2 列表中，输出 score2 列表中的全部元素。

输入示例：

5

输出示例：

[80, 61, 80, 61, 80, 61, 80, 61, 80, 61]

（3）计算圆的周长和面积

给定圆的半径 *r*，返回圆的周长 nums[0] 和面积 nums[1]。结果保留两位小数，pi = 3.14。

输入示例：

2

输出示例：

[12.56, 12.56]

难度系数 ★ ★

（4）列表查找

设计程序向列表 [56, 65, 78, 59] 插入两个数（外部输入，可以是整数，也可以是小数），插入完成后找出最大值，并求出最大值是列表中的第几个数。

输入示例：

23

32

输出示例：

3

78

第十节　手机通讯录——字典

通讯录

王　王一鸣

张　张浩然

梁　梁静

蔡　蔡欣欣

范　范娜

尹　尹桂英

乔　乔一

徐　徐新静

A
B
C
D
E
F
G
H
I
J
K
L
M
N
O
P
Q

在这个信息化的时代，手机成了我们生活中必不可少的东西。当父母不在身边，我们又需要联系父母的时候，我们就可以直接给他们打电话。我们也许能记住父母的电话号码，但很难将所有朋友的电话号码都记住。因此，每款手机里都有通讯录，它存储了很多的电话号码，而且每个电话号码都对应着一个备注名字。那通讯录是如何将这么多亲朋好友和他们的电话——对应关联起来的呢？

10.1　任务分解

怎么才能做出通讯录程序呢？任务分解如下。

手机通讯录

- 字典的定义
  - 定义
  - 创建字典
- 字典的操作
  - 删除字典
  - 更新字典
  - 增加健值对
- 字典中的函数
  - keys() 函数
  - values() 函数
  - get() 函数

10.2　程序实现

10.2.1　字典的定义

就像电话通讯录将姓名和电话号码关联起来一样，字典也将单词和它们的含义关联起来。字典是一种将两个东西关联在一起的方式。被关联在一起的东西分别被称为键和值，它们合起来被称为键值对。一个字典就是一些键值对的集合。

一个简单的例子就是电话通讯录。假设你想保存朋友们的电话号码，你会使用他们的姓名去查找他们的号码，这个姓名就是"键"，而电话号码就是"值"。

创建一个字典的方式很简单，使用 {} 将元素括起来就可以了。{} 中用逗号隔开的即为"键值对"，每个键值对都有一个键（key，冒号前面的）和一个值（value，冒号后面的）。

● 示例：

```
phone_numbers = {' 黄蕾 ':'13208715790', ' 张菲 ':'15903293020'}
print(phone_numbers)
```

● 运行结果：

```
{' 黄蕾 ':'13208715790', ' 张菲 ':'15903293020'}
```

10.2.2　字典的操作

◆ 增加键值对：字典变量名 [新键]= 新值

● 示例：

```
phone_numbers = {' 黄蕾 ':'13208715790', ' 张菲 ':'15903293020'}
phone_numbers[' 张静 '] = '18028883567'
print(phone_numbers)
```

● 运行结果：

```
{' 黄蕾 ':'13208715790', ' 张菲 ':'15903293020', ' 张静 ':'18028883567'}
```

◆ 修改字典中的值：字典变量名 [对应键]= 新值

● 示例：

phone_numbers = {' 黄蕾 ':'13208715790', ' 张菲 ':'15903293020'}

phone_numbers[' 黄蕾 '] = '13000112233'

print(phone_numbers)

● 运行结果：

{' 黄蕾 ': '13000112233', ' 张菲 ':'15903293020'}

◆ 删除字典中的值：del 字典变量名 [对应键]

● 示例：

phone_numbers = {' 黄蕾 ':'13208715790', ' 张菲 ':'15903293020'}

del phone_numbers[' 黄蕾 ']

print(phone_numbers)

● 运行结果：

{' 张菲 ':'15903293020'}

10.2.3 字典中的函数

◆ 列出字典中所有的键：keys() 函数

● 示例：

phone_numbers = {' 黄蕾 ':'13208715790', ' 张菲 ':'15903293020'}

print(phone_numbers.keys())

● 运行结果：

[' 黄蕾 ', ' 张菲 ']

◆ **列出字典中所有的值：values() 函数**

● 示例：

phone_numbers = {' 黄蕾 ':'13208715790', ' 张菲 ':'15903293020'}

print(phone_numbers.values())

● 运行结果：

['13208715790', '15903293020']

◆ **获取某一键的值：get() 函数**

● 示例 1：使用 get() 函数获取键为"欣蕾"的值，若不存在就返回 None。

phone_numbers = {' 黄蕾 ':'13208715790', ' 张菲 ':'15903293020'}

print(phone_numbers.get(' 欣磊 ')

● 运行结果：

None

我们还可以在 get() 函数里加入若不存在则返回的值。

● 示例 2：

phone_numbers = {' 黄蕾 ':'13208715790', ' 张菲 ':'15903293020'}

print(phone_numbers.get(' 欣磊 ', ' 没有此人的电话 '))

● 运行结果：

没有此人的电话

10.3 拓展延伸

▶▶ 遍历字典：可以用 for…in…语句遍历字典中所有的键

● 示例：

phone_numbers = {' 黄蕾 ':'13208715790', ' 张菲 ':'15903293020'}

for i in phone_numbers:

    print(i + ':' + phone_numbers[i])

● 运行结果：

黄蕾 :13208715790

张菲 :15903293020

10.4 知识梳理

你学到了什么?

▶▶ 字典中增加键值对的方法是指定新的键和值，格式：字典变量名 [新键]= 新值

▶▶ 修改字典中的值，将字典中对应的键重新赋值即可，格式：
字典变量名 [对应键]= 新值

▶▶ 删除字典中的值，格式：del 字典变量名 [对应键]

▶▶ keys() 函数用于列出字典中所有的键

▶▶ values() 函数用于列出字典中所有的值

▶▶ get() 函数用于获取某一键的值

▶▶ 遍历字典：for…in…可以遍历字典中所有的键

10.5 课后习题

难度系数

（1）查找特定键对应的值

给定键值对如下："guido":"superprogrammer", "turing":"genius", "bill":"monopoly"。输入任意键，输出与该键对应的值。

输入示例：

　　guido

输出示例：

　　superprogrammer

输入示例：

　　turing

输出示例：

　　genius

（2）修改学号

现有字典 info={"name":" 叮小码 ","ID":100,"classes":" 编程学院三班 "}, 设计程序实现对 ID 的修改 (外部输入新的 ID), 最后输出修改过后的字典。

输入示例：

　　56

输出示例：

　　{"name":" 叮小码 ",　"ID":56,　"classes":" 编程学院三班 "}

（3）删除字典中的键

　　已知字典 info = {'name':'liming', 'age':20, 'sex':'man'}，删除键名 age
对应的这一项，并将最终的字典内容全部打印出来。

输入示例：

　　　　无

输出示例：

　　　　{'name': 'liming', 'sex': 'man'}

难度系数　✦　✦

（4）求平均身高

　　字典 info={" 张三 ":168，" 叮小马 ":178，" 李四 ":174} 存放了三个人的姓
名和身高，设计程序实现给字典添加两个键值对（名字和身高），输出新的字典
和求出平均身高（平均身高保留小数点后两位有效数字）。

输入示例：

　　　　露西
　　　　172
　　　　杰伦
　　　　172

输出示例：

　　　　{'张三': 168, '叮小马': 178, '李四': 174, '露西': 172, '杰伦':
172}

　　　　平均身高为：172.80

第十一节　统计同学信息——集合概念 & 操作

叮小马所在的班级一共有 37 位同学，叮小马发现，男生有 23 人，女生有 14 人。其中，爱好数学的有 4 人，爱好英语的有 12 人，爱好体育的有 9 人……叮小马觉得这样统计起来很麻烦，他想设计一个程序来完成以上信息的统计。

11.1　任务分解

怎样实现程序统计上面的信息呢？任务分解如下所示。

11.2　程序实现

11.2.1　集合的概念及其创建

集合里的所有元素都不相同，而且没有顺序。也就是说，集合是一个无序的、不重复的元素序列。无序是指每次运行或不同机器运行结果不一样。可以使用大括号 { } 或者 set() 函数来创建集合。

示例 1：创建集合

● **方法 1：**

math_student = {" 叮小马 ", " 韩磊 ", " 露西 ", " 杰克 "}

print(math_student)

● **方法 2：**

math_student = set([" 叮小马 ", " 韩磊 ", " 露西 ", " 杰克 "])

print(math_student)

● **运行结果：**

{' 叮小马 ', ' 韩磊 ', ' 露西 ', ' 杰克 '}

集合是无序的，即每次运行或不同机器运行的结果不一样。

11.2.2 集合的操作

（1）向集合添加元素：add() 函数

大卫和司瑞琪在叮小马的影响下也开始喜欢数学了，加入了数学兴趣小组。现在要为集合添加上大卫和司瑞琪的名字。

● **方法 1：**

math_student = {" 叮小马 ", " 韩磊 ", " 露西 ", " 杰克 "}

math_student.add(" 大卫 ")

math_student.add(" 司瑞琪 ")

print(math_student)

● **方法 2：**

math_student = {" 叮小马 ", " 韩磊 ", " 露西 ", " 杰克 "}

math_student.update([" 大卫 "," 司瑞琪 "])

print(math_student)

● **运行结果：**

{' 叮小马 ', ' 韩磊 ', ' 露西 ', ' 杰克 ', ' 大卫 ', ' 司瑞琪 '}

（2）删除集合中的一个元素——remove() 函数

　　杰克最近迷恋上了英语，想离开数学兴趣小组加入英语兴趣小组。现在要删除数学兴趣小组集合中杰克的名字。

● **示例：**

math_student = {" 叮小马 ", " 韩磊 ", " 露西 ", " 杰克 "}

math_student.remove(" 杰克 ")

print(math_student)

● **运行结果：**

{' 叮小马 ', ' 韩磊 ', ' 露西 '}

s.remove(x)：将元素 x 从集合 s 中移除，如果元素 x 不存在，则会发生错误。

（3）清空集合——clear() 函数

- 示例：

  math_student = {" 叮小马 ", " 韩磊 ", " 露西 ", " 杰克 "}

  math_student.clear()

  print(math_student)

- 运行结果：

  set()

s.clear()：清空集合 s 中的元素。

11.3 拓展延伸

想要查询某元素是否在集合中，我们可以使用 "x in s" 这种句式来判断。

- 示例：

  math_student = {" 叮小马 ", " 韩磊 ", " 露西 ", " 杰克 "}

  name = input(' 请输入你要查询的名字：')

  if name in math_student:

  　　print(name + " 在集合中 ")

  else:

  　　print(" 不存在 ")

- 运行结果（一）：输入名字韩梅梅

  请输入你要查询的名字：韩梅梅

  不存在

● **运行结果（二）：输入韩磊**

请输入你要查询的名字：韩磊

韩磊在集合中

11.4 知识梳理

你学到了什么?

函数 / 命令	函数 / 命令说明
{} 或 set()	创建集合
s.add(x)	将元素 x 添加到集合 s 中，如果元素 x 已经存在，则不进行任何操作
s.update(x)	向集合 s 添加元素，且参数 x 可以是列表、元组、字典等
s.clear()	清空集合
x in s	判断元素 x 是否在集合 s 中，存在则返回 True，不存在则返回 False
s.remove(x)	将元素 x 从集合 s 中移除，如果元素不存在，则会发生错误

11.5 课后习题

难度系数

（1）求集合的长度

请编写一个程序将字符串转换为集合，求这个字符串的长度和集合的长度。

输入示例：

happy

输出示例：

> 5
> 4

（2）打印整型数据

设计程序实现：外部输入多个整型数据，将整型数据放入集合 s 中，并打印出集合。（同行输入，数据之间用空格分开）

输入示例：

> 12 34 56

输出示例：

> {56, 34, 12}

（3）判断元素是否存在

输入数字元素，并判断该元素是否在集合 s={1, 3, 5, 7, 9, 11, 13, 15, 17, 19} 中，如果在则打印 TRUE，否则打印 FALSE。

输入示例：

> 4

输出示例：

> FALSE

难度系数 ★ ★

（4）两个集合的差异

编写一个程序将两个字符串转换为两个集合，求这两个集合的差异集合，将结果排序后输出。

输入示例：

> happy
> java

输出示例：

> ['h', 'j', 'p', 'v', 'y']

第十二节　一起来找茬—— 集合运算

　　课间休息时，叮小马和同学玩"一起来找茬"的游戏，看谁能够最快找出下面两张图中不同的地方。叮小马心想如果将此图的元素融进集合里面，自己一定是最快的。

12.1　任务分解

　　怎样实现快速找茬呢？任务分析如下所示。

12.2 程序实现

12.2.1 集合的交集

小明同学今天带了：铅笔、橡皮擦、雨伞、修正液。

小红同学今天带了：铅笔、橡皮擦、钢笔、圆珠笔。

小明和小红都带了的东西有：铅笔、橡皮擦。小明带的东西是一个集合，小红带的东西也是一个集合，而"铅笔、橡皮擦"就代表两个集合的交集，即两个集合相同的元素。

示例：求 A={1, 2, 5, 7, 8}，B={1, 2, 5, 10} 的交集。

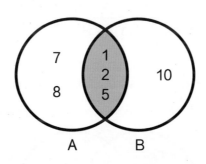

● **方法 1：**

A = set([1, 2, 5, 7, 8])

B = set([1, 2, 5, 10])

print(A&B)

● 运行结果：

{1, 2, 5}

● **方法 2：**

A = set([1, 2, 5, 7, 8])

B = set([1, 2, 5, 10])

print(A.intersection(B))

● 运行结果：

{1, 2, 5}

两个集合 A 和 B 的交集是指那些既属于 A 又属于 B 的元素，可以通过 "&" 或 intersection 来求集合的交集。

12.2.2　集合的差集

小明同学今天带了：铅笔、橡皮擦、雨伞、修正液。

小红同学今天带了：铅笔、橡皮擦、钢笔、圆珠笔。

在这两个集合中，小明带了而小红没带的东西是：雨伞、修正液。"雨伞、修正液"就是小明所带物品集合对小红所带物品集合的差集。

示例：A={1, 2, 5, 7, 8}，B={1, 2, 5, 10}，求集合 A 对集合 B 的差集。

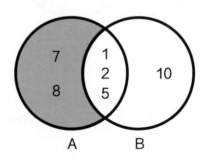

● 方法 1：

```
A = set([1, 2, 5, 7, 8])
B = set([1, 2, 5, 10])
print(A-B)
```

● 运行结果：

{7, 8}

● 方法 2：

A = set([1, 2, 5, 7, 8])

B = set([1, 2, 5, 10])

print(A.difference(B))

● 运行结果：

{7, 8}

A 集合对 B 集合求差集是指求出属于 A 但不属于 B 的元素构成的集合。有两种求差集的方法："–"、different。

12.2.3 集合的并集

小明同学今天带了：铅笔、橡皮擦、雨伞、修正液。

小红同学今天带了：铅笔、橡皮擦、钢笔、圆珠笔。

将小明同学今天带的物品和小红同学今天带的物品合起来，总共就有：铅笔、橡皮擦、雨伞、修正液、钢笔、圆珠笔。这就是集合的并集。

示例：求 A={1,2,5,7,8}，B={1,2,5,10} 的并集。

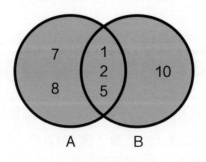

● **方法 1：**

A = set([1, 2, 5, 7, 8])

B = set([1, 2, 5, 10])

print(A|B)

● **运行结果：**

{1, 2, 5, 7, 8, 10}

● **方法 2：**

A = set([1, 2, 5, 7, 8])

B = set([1, 2, 5, 10])

print(A.union(B))

● **运行结果：**

{1, 2, 5, 7, 8, 10}

两个集合 A 和 B 的并集是指属于 A 或属于 B 的元素构成的集合。求并集的方法："|" "union"。

12.3　拓展延伸

除了上面的一些常见的运算，集合还有一些其他的运算。

小明同学今天带了：铅笔、橡皮擦、雨伞、修正液。

小红同学今天带了：铅笔、橡皮擦、钢笔、圆珠笔。

小明同学和小红同学今天带的东西中，除了相同的以外，对方没带的东西有：雨伞、修正液、钢笔、圆珠笔。在集合运算中，这就代表对称差。

示例：A={1，2，5，7，8}，B={1，2，5，10}，求集合 A 对集合 B 的对称差。

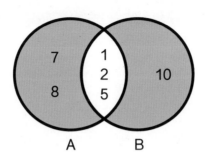

● **方法 1：**

A = set([1, 2, 5, 7, 8])

B = set([1, 2, 5, 10])

print(A^B)

● **运行结果：**

{7, 8, 10}

● **方法 2：**

A = set([1, 2, 5, 7, 8])

B = set([1, 2, 5, 10])

print(A.symmetric_difference(B))

● **运行结果：**

{7, 8, 10}

两个集合 A 和 B 的对称差是指只属于其中一个集合，而不属于另一个集合的元素组成的集合。求对称差的方法有两种：^、symmetric_difference。

12.4 知识梳理

你学到了什么？

命令 / 函数	命令 / 函数说明
A&B 或者 A.intersection(B)	求集合 A 与集合 B 的交集
A−B 或者 A.difference(B)	求集合 A 对集合 B 的差集
A|B 或者 A.union(B)	求集合 A 与集合 B 的并集

12.5 课后习题

难度系数 ★

（1）集合运算操作

已知集合 S 与集合 T，编写程序返回一个新的集合 A，包括在集合 S 中但是不在集合 T 中的元素：

S={1, 2, 3, 4, 5}

T={5, 2, 3, 8, 9, 0}

输入示例：无

输出示例：

{1, 4}

（2）集合子集判断

判断集合 S 和集合 T，如果集合 S 与 T 相同或者集合 S 是 T 的子集，则打印输出 True, 否则打印输出 False。

S={1, 2, 3, 4, 5}

T={1, 2, 3, 4, 5, 6, 7}

输入示例：无

输出示例：

True

（3）存储身高数据

设计程序实现，外部输入 n 个人的身高数据（单位是 cm)，新建集合存储这些数据，并求出最高、最矮和平均身高。

输入示例：

187 169 175 182 173 178 167 174 183 165

输出示例：

最矮身高为 165cm

最高身高为 187cm

平均身高 175cm

难度系数

（4）集合求并集

编写一个程序将两个字符串转换为两个集合，求这两个集合的并集，将结果排序后输出。

输入示例：

happy

java

输出示例：

['a', 'h', 'j', 'p', 'v', 'y']

第三单元

项目实践

第十三节　蛋糕店点餐系统

现在我们要将本书学过的知识利用起来，完成一个由 turtle 绘制的蛋糕店点餐系统。这个系统可以实现智能点餐、结账以及打折等功能。

13.1 任务分解

怎样实现蛋糕店点餐系统呢？任务分解如下。

13.2 程序实现

13.2.1 点餐系统分析

如果想做一个自动点餐的系统，我们都需要设计哪些功能呢？

◆ 一定需要有一个可以看得见的界面。

◆ 通过这个界面一定能完成点餐的功能。

界面显示：

初始化系统界面

点餐功能：

1. 获取桌号
2. 顾客点餐
3. 结账打折

我们可以先写出代码的框架，将对应的功能定义成函数，这样，只要调用这些函数就可以得到希望看见的效果。但是如果定义的函数体里面没有代码，运行时就会报错。这个时候，我们就可以先使用 pass 空语句来占位，在想好了每个函数具体如何写之后，再将 pass 空语句替换成我们需要的代码就可以了。

pass 空语句语法：

```
def 函数名 ():
    pass
```

这样我们就可以写出整个点餐系统大致的"骨架"，接下来只需要在"骨架"的基础上，填"肉"进去就可以了。

Python 代码示例：

```python
def init():# 初始化界面
    pass
def table():# 获取桌号
    pass
def order(): # 点餐
    pass
def bill():# 结账
    pass


init()
table_num = table()# 获取桌号
if table_num != 0:
    order() # 点餐
    if order_list != []:# 若有点餐
        bill()# 结账
```

接下来我们将这些函数——完成。

13.2.2 初始界面

仔细观察系统的初始界面，我们都需要些什么呢？

我们需要设置背景颜色、绘制系统框，显示系统输出信息，显示提示输入信息，这些我们依然都先利用函数将这些功能独立出来，并且使用 pass 空语句暂时占位。

Python 代码示例：

```python
import turtle
t = turtle.Turtle()
s = turtle.Screen()


def box():# 绘制系统框
    pass
def system():# 显示系统信息
    pass
def prompt():# 提示输入信息
    pass


def init():# 初始化界面
    s.bgcolor("#0EA5DC")
    box()# 绘制系统框
    info = '''--------------------
♥ 欢迎光临 ♥
----------------------'''
    system(info)# 显示系统欢迎信息
    prompt() # 提示输入信息
```

◆ 绘制系统框

　　现在我们可以利用平台的"图形输出区"和"文本输出区"来构建一个系统界面。系统界面包括三个部分：系统界面边框、系统输出界面和系统输入提示界面。接下来，只要找到对应的坐标就可以轻松完成这三个部分。

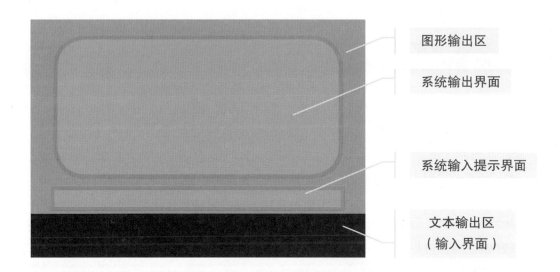

图形输出区

系统输出界面

系统输入提示界面

文本输出区
（输入界面）

系统界面边框：需要绘制一个圆角矩形，这个圆角矩形用于模拟计算机屏幕显示界面的边框。

系统输出界面：需要显示文字，这个界面用于模拟计算机的显示屏。

系统输入提示界面：需要绘制一个矩形，并在矩形上显示文字。这个界面用于提示顾客要输入哪些信息。

◆ 显示文字

接下来我们需要思考，在这几个界面中，有的界面是需要显示文字的，那么需要显示文字的时候，这些文字的格式是怎样的呢？

海龟写字语法：

turtle.write(arg, align = "left", font = ("Arial", 8, "normal"))

其中，arg 是要显示的内容；align 是指对齐方式（left 为左对齐，right 为右对齐，center 为居中，默认为左对齐 left）；font 是显示的字体格式。

在屏幕中间负责系统输出的文字的格式是居中对齐，字号为 30。

在屏幕底部负责提示输入信息的文字格式是左对齐，字号为 20。

接下来就要按照我们之前规划好的功能来实现函数了，其中文字的内容可以由函数的参数传入，但是我们在调用 system 函数的时候如果需要显示的是一段文字，并希望逐行地居中对齐，而不是每次都在同一行输出，那就将一整段文字通过 "\n" 分割开来，同时，也需要将初始的 y 轴坐标也作为一个参数传入。

Python 代码示例：

```python
import turtle
import random,time
t = turtle.Turtle()
w = turtle.Turtle()
sw = turtle.Turtle()
s = turtle.Screen()
t.hideturtle()
w.hideturtle()
sw.hideturtle()
```

系统界面边框函数：box()

```python
def box():# 绘制系统框
    t.color("#81A006")
    t.pensize(10)
    t.up()
    t.goto(0, 250)
    t.setheading(0)
    t.down()
    for i in range(2):
        t.forward(260)
        t.circle(-100, 90)
        t.forward(220)
        t.circle(-100, 90)
        t.forward(260)
```

系统输入提示界面函数：prompt()

```python
def prompt (a):# 绘制提示信息
    w.color("#FF9912")
    w.pensize(2)
    w.setheading(0)
    w.up()
    w.goto(-390, -210)
    w.down()
    w.begin_fill()
    for i in range(2):
        w.forward(780)
        w.right(90)
        w.forward(60)
        w.right(90)
    w.end_fill()
    w.color("white")
    w.up()
    w.goto(-360, -250)
    w.write(a, font = ("Arial", 20, "normal"))
```

系统输出界面函数：system()

```python
def system(info, pos_y):# 绘制系统显示信息
    sw.color("#FFD700")
    for i in info.split("\n"):
        sw.up()
        sw.goto(0, pos_y)
        sw.write(i, align = "center", font = ("Arial", 30, "normal"))
        pos_y -= 50
        time.sleep(0.1)
```

◆ 清屏函数

　　思考一下，在系统运行过程中，肯定不只有一个页面，在每次出现新的页面时，原来屏幕上的内容需要被清空，才可以再继续显示内容，那要如何实现呢？

　　我们可以通过导入多个海龟，让每个海龟负责画不同的部分，再利用 clear 函数和 update 函数就可以实现刷新页面的功能了。

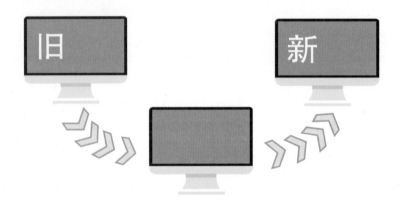

　　海龟 t 负责画系统界面的边框，海龟 w 负责画系统输入提示界面，海龟 sw 负责画系统输出界面。

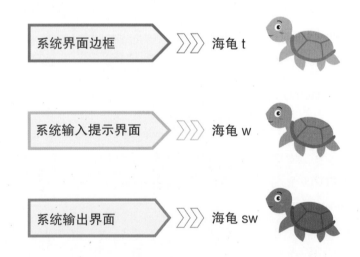

　　除此之外，我们将之后会重复使用的刷新屏幕功能也封装在函数 clear_screen() 里，这样每次在屏幕上输出新的文字内容之前，都需要调用一次 clear_screen() 函数。

Python 代码示例：

```
def clear_screen():# 清屏
    time.sleep(0.5)
    sw.clear()
    w.clear()
    s.update()
```

13.2.3 顾客点餐

◆ 获取桌号

　　点餐系统通过界面获取顾客输入的桌号，如果这个桌号是有效的，顾客就可以开始点餐啦！整个流程如下所示。

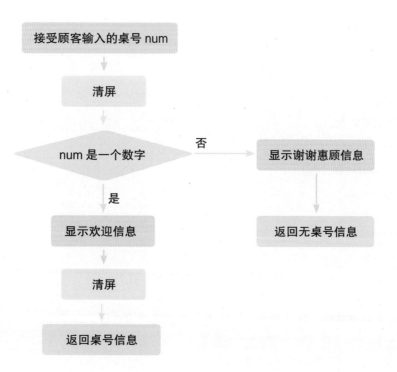

如何知道顾客输入的 num 是不是一个数字呢？可以使用字符串的内建函数 isdigit 来实现，此方法能检测字符串是否只由数字组成。

Python 代码示例：

```
def table():# 获取桌号
    num = input(" 请输入您的桌号：")
    clear_screen()
    if len(num) > 0 and num.isdigit():
        clear_screen()
        info= '''---------------------
♥ 欢迎光临，您是第 {} 位顾客 ♥
♥ 欢迎您使用自动点餐系统 ♥
---------------------'''.format(num)
        system(info, 100)
        time.sleep(1)
        return int(num)
    else:
        info = '''---------------------
♥ 谢谢光顾本店 ♥
---------------------'''
        system(info, 100)
        return 0
```

◆ 顾客点餐

我们已经从外部获取了顾客的桌号，接下来要实现顾客点餐的环节了。

传统点餐步骤

看菜单　　　　　　　点菜　　　　　　　上菜

传统点餐步骤：想要点餐，首先要给顾客看菜单，然后顾客从菜单里选择自己想要的菜品，如果顾客点了菜单上没有的菜，服务人员会提示顾客没有这道菜，建议从菜单里重新选择菜品。如果顾客什么都没选就走了，服务人员也会客气地说一声谢谢惠顾。

类似的，蛋糕店点餐系统的流程也是先给顾客显示菜单，然后顾客从界面选取自己想要的菜品。如果顾客点了餐，但是选择的菜品里有菜单里没有的，系统就会提醒顾客重新选择。如果顾客什么也不选，系统也会友好地显示谢谢惠顾。

蛋糕店点餐的具体流程如下。

显示菜单

↓

顾客输入蛋糕编号 want

↓

want 有内容 —— 否 → 显示谢谢惠顾信息

是 ↓

want 是规定的字符 —— 否 → 提示输入错误 → 显示菜单 → 重新获取蛋糕编号 want

是 ↓

返回桌号信息

Python 代码示例:

```python
def show_menu:# 显示菜单
    pass
def illegal():# 非法字符检测
    pass
def order_info():# 通过界面获得顾客输入的点餐信息
    pass
def order():# 点餐
    show_menu()# 显示菜单
    prompt(" 请在屏幕下方输入您想购买的蛋糕编号，以、为分隔 ")
    want = input(" 请输入您想购买的蛋糕编号，以、为分隔 :")# 获取顾客想要的蛋糕
    if want:
        flag = illegal(want)# 非法字符检测
        while flag:
            info= '''----------------------
♥ 您输入有不可识别的号码 ♥
♥ 请按照提示重新输入 ♥
♥ 谢谢 ♥
----------------------'''
            clear_screen()
            system(info, 150)
            time.sleep(0.5)
            clear_screen()
            show_menu()# 重新显示菜单
            prompt(" 请在屏幕下方输入您想购买的蛋糕编号，以、为分隔 ")
            want = input(" 请输入您想购买的蛋糕编号，以、为分隔 :")
            flag = illegal(want)# 非法字符检测
    time.sleep(0.5)
    order_info(want)# 通过顾客输入获得点餐信息
```

```
    else:
        clear_screen()
        info = '''---------------------
♥ 感谢您的光临 ♥
♥ 欢迎您下次再来 ♥
--------------------'''
        system(info, 100)
```

◆ 显示菜单

接下来就要思考如何将菜单显示出来了。一个完整的菜单不仅要包括名称，还要包括对应的价格，这个应该怎样实现呢？

很简单，使用两个列表就可以了！

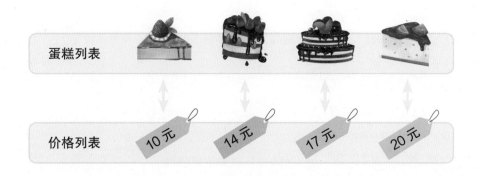

将蛋糕的名字和价格分别存储在两个列表中，我们创建一个新函数来存储字符串格式的菜单，该函数将遍历蛋糕列表，将蛋糕的序号、名称和价格按照下标对应起来，然后再依次添加到一个字符串中，之后只要显示这个字符串就可以了。

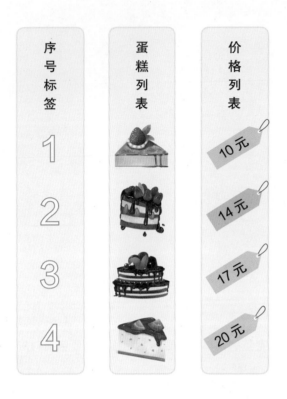

然后我们刷新屏幕，最后再利用 show_menu 函数把菜单显示出来，就可以将这两个列表的信息对应地显示在屏幕上了。

Python 代码示例：

```python
cake = [ " 云石芝士蛋糕 ", " 巧克力蛋糕 ", " 黑森林蛋糕 ", " 白桃软心草莓蛋糕 "]
price = [10, 14, 17, 20]
def menu():# 创建菜单
    cake_list = " 今日菜品推荐： "
    for i in range(len(cake)):
        cake_list += "\n{} {}  {} 元 ".format(i + 1, cake[i], price[i])
    return cake_list
def show_menu():# 菜单显示
    info = "'----------------------'"
    menu_message = menu()
    system(info, 200)
    system(menu_message, 150)
    system(info, -100)
```

◆　脏字符检验

现在我们已经可以看到菜单了，接下来接收顾客的输入就十分简单了，但是我们还需要判断，顾客输入的编码是否是我们想要的编码，如果不是的话，就说明存在一些不要的脏字符，所以我们要做一个脏字符检验。这样的功能要如何实现呢？

首先我们将顾客输入的字符放在一个集合里，然后确定哪些是想要的字符，我们把这些字符放在另一个集合里，接下来只要将两个集合取差集就可以啦！

如果差集是空，就说明顾客输入的都是我们想要的字符；如果不为空，就说明顾客输入了我们不要的字符。

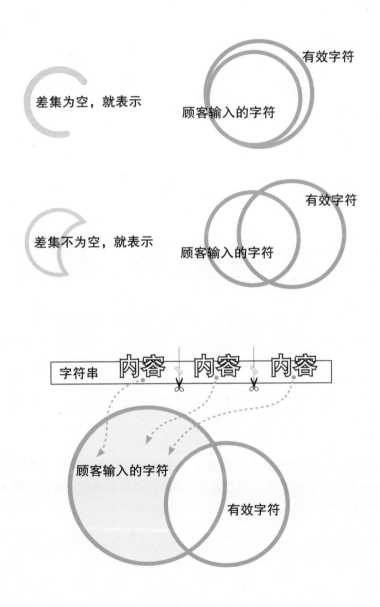

Python 代码示例：

```
def illegal(a):# 脏字符检验
    b1 = set(a.split("、"))
    b2 = {'1', '2', '3', '4'}
    diff = b1.difference(b2)
    if diff:
        return True
    else:
        return False
```

◆ 通过顾客输入获得点餐信息

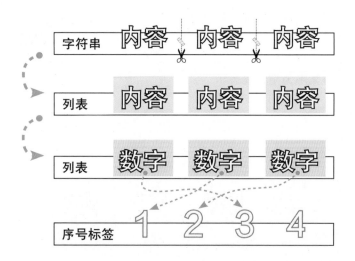

现在我们已经可以接收顾客输入的信息了，在这个过程中，我们需要利用字符串的 split 拆分函数，将输入的字符串用顿号（、）拆分成列表，再将列表的元素从字符串类型转换成整数类型，根据这些数字就可以从序号标签里找到对应的蛋糕啦！

接下来我们将顾客选择的蛋糕编号存在一个新的列表中就可以了。通过编号可以快速地找到对应的蛋糕名称和价格。

但是，如果顾客想要某种蛋糕不止一个怎么办呢？再加一个新的列表存储对应的个数？那最后结账的时候要考虑好几个列表，好麻烦呀！

我们可以修改一下设计列表的思路，如果不存储蛋糕的编号，而是存储蛋糕的价格，出现一种蛋糕需要多个的情况时，就按照单价逐个存储，这样结账的时候只要计算这个列表的和就可以了。

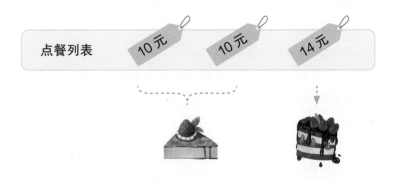

仔细思考一下，我们刚刚设计的这个点餐列表应该是局部变量还是全局变量，为什么呢？因为我们需要在函数中修改该列表里的值，然后还要在其他函数（如结账函数）里使用修改之后的列表，所以这个列表是一个全局变量，需要在函数体里进行声明。

Python 代码示例：

```python
def sys_cake():# 显示顾客想要的蛋糕
    pass
def sys_num():# 显示顾客想要的蛋糕的个数
    pass
order_list = [ ]
def order_info(want):# 通过顾客输入获得点餐信息
    global order_list
    want_list = want.split('、')# 切片顾客输入
    clear_screen()
    info = ''' 您选择的是：
---------------------'''
    system(info, 200)
    pos_y = 100
    info = ' 请在屏幕下方输入您选择蛋糕的个数： '
    prompt(info)
    for i in want_list:
        num = int (i)
        info = cake[num - 1]
        sys_cake(info, pos_y)
        order_list.append(price[num - 1])
        count = int(input(" 请选择 {} 的个数： ".format(cake[num-1])))# 每种的个数
        for j in range(count - 1):
            order_list.append(price[num - 1])
        info = '{} 个，共：{} 元 '.format(count, count*price[num-1])# 每种的价格
        sys_num(info, pos_y)
        pos_y -= 50
    info = '''---------------------
共：{} 元 '''.format(sum(order_list))# 总价格
    system(info, -100)
```

```
    print(info)

    time.sleep(1)

    clear_screen()

    info = '''----------------------

♥ 点餐结束 ♥

♥ 您的菜单已接收 ♥

♥ 请耐心等待 ♥

----------------------'''

    system(info, 150)
```

输出点餐信息函数

接下来就要将点餐信息打印出来啦!

蛋糕信息显示与蛋糕个数信息显示除了对齐方式与系统输出显示不同外,其他的均相同。

Python 代码示例：

```
def sys_cake(info, pos_y):# 点餐蛋糕显示
    sw.color("#FFD700")
    sw.up()
    sw.goto(-10, pos_y)
    sw.write(info, align = "right", font = ("Arial", 30, "normal"))
    time.sleep(0.1)

def sys_num(info, pos_y):# 点餐个数显示
    sw.color("#FFD700")
    sw.up()
    sw.goto(10, pos_y)
    sw.write(info, align = "left", font = ("Arial", 30, "normal"))
    time.sleep(0.1)
```

13.2.4　结账打折

◆　结账函数

点餐后就需要结账了。

在实现结账函数之前，我们需要先了解目前店里有哪些优惠活动。

打折活动

每天来店里消费的第 100 位顾客，可享受随机打折。

免单活动

未参与打折活动，且每天 21:00 结账的顾客，随机免单 1 个菜品。

根据上图两个优惠活动给出的信息我们可以很容易知道结账函数的逻辑。

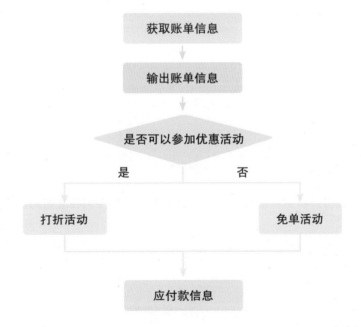

Python 代码示例：

```
def bill():# 结账
    clear_screen()
    info = ''' 欢迎您使用自动结账系统
----------------------
您本次账单共：{} 元 '''.format(sum(order_list))
    system(info, 150)
    if table_num == 100:# 判断参与优惠活动
        pay = discount()
    else:
        pay = free()
    info = '''----------------------
本次应付款：%.2f''' % pay
    system(info, -50)
    print(info)
```

◈ **打折与免单**

最后只需要完成打折和免单函数就可以了，这两个函数我们在之前的课程已经介绍过，就不再赘述。

Python 代码示例：

```python
def free():# 免单
    t1 = time.localtime( time.time())# 获取时间
    t = time.asctime( t1 )
    t2 = t1[3]# 获取整点时间
    print(t)
    if t2 == 21:# 每天 21 点可参与活动
        b = random.randint(1, len(order_list))
        info = "' 恭喜您参加活动：享受免单 1 个菜品 '"
        system(info, 0)
        del order_list[b]
    else:
        system(" 您未能获得免单，谢谢参与 ", 0)
    pay = sum(order_list)
    return(pay)

def discount():# 打折
    r = 1-random.random()
    info = " 恭喜获得优惠，本次折扣为：%.2f"%r
    system(info, 0)
    print(" 恭喜获得优惠，本次折扣为：%.2f"%r)
    pay = sum(order_list)*r
    return(pay)
```

13.3 拓展任务

蛋糕店点餐系统已经实现了，现在请从以下选项中选一个来继续优化你的程序吧。

◆ 在免单函数中实现：产生从 1～3 的随机数为免单蛋糕的个数，但是要从单价最便宜开始免单，若免单个数大于等于点单个数，就显示账单全免。

◆ 如果不使用逐个存储单价的全局变量点餐列表，还有什么其他方法可以实现类似的功能？

13.4 总结回顾

◆ 字符串的格式化与内建函数

◆ 列表的内建函数

◆ 集合的运算

◆ 函数的定义、调用与占位

◆ 全局变量的应用